全国技工院校计算机类专业（中／高级技能层级）

Office 2021
基础与应用实训题集

主编　龙大奇

简介

本书为全国技工院校计算机类专业教材（中 / 高级技能层级）《Office 2021 基础与应用》的配套用书。本书以具体的工作项目为实训载体，根据教材所学内容设置实训项目，实训项目具有可操作性和拓展性，既锻炼了学生的操作技能，又节省了教材中操作内容的篇幅。本书强化对学生专业能力的训练和培养，通过分析和完成实训项目，巩固所学知识，提高相应技能。

为了方便教师教学，相关数字资源可在技工教育网（http://jg.class.com.cn）下载使用。

本书由龙大奇任主编，周晓阳、匡力、白忠才、尹友明、李彩云参与编写。

图书在版编目（CIP）数据

Office 2021基础与应用实训题集 / 龙大奇主编. --北京：中国劳动社会保障出版社，2023

全国技工院校计算机类专业. 中 / 高级技能层级

ISBN 978-7-5167-6069-7

Ⅰ. ①O… Ⅱ. ①龙… Ⅲ. ①办公自动化－应用软件－技工学校－习题集 Ⅳ. ①TP317.1-44

中国国家版本馆 CIP 数据核字（2023）第 186540 号

中国劳动社会保障出版社出版发行

（北京市惠新东街 1 号　邮政编码：100029）

*

北京宏伟双华印刷有限公司印刷装订　　新华书店经销

787 毫米 ×1092 毫米　16 开本　13.5 印张　262 千字

2023 年 10 月第 1 版　　2025 年 8 月第 2 次印刷

定价：34.00 元

营销中心电话：400-606-6496

出版社网址：http://www.class.com.cn

http://jg.class.com.cn

目 录

CONTENTS

第一篇 Word 2021

第二篇 Excel 2021

第三篇　PowerPoint 2021

第四篇　Access 2021

第五篇　综合篇

第一篇

Word 2021

实训项目一
创建请示文档

一、实训项目介绍

某公司计划组织一次团建活动，行政部小王负责创建关于组织公司员工开展团建活动的请示文档。

具体要求如下：启动 Word 2021，创建一个空白文档，选择中文输入法，录入图 1–1 所示文本内容，录入完毕将该文档命名为“请示 .docx”并保存至指定的文件夹中。

关于组织公司员工开展团建活动的请示
尊敬的领导：
为加强各部门新老员工之间的情感交流，丰富员工的业余文化生活，熔炼团队精神，提升企业凝聚力，公司拟于 2023 年 5 月 3 日组织全体员工赴山鹰户外拓展训练基地开展团建活动。预计本次活动总费用为 9000 元（含交通费、餐费、教练员课时费等），具体方案附后。
妥否，请领导批示。
XX公司行政部
2023 年 4 月 25 日

图 1–1　创建请示文档

二、实训项目分析

要完成本实训项目，应按照图 1–2 所示思维导图复习教材中学到的知识点和技能点。

为完成本实训项目，需要启动 Word 2021 新建一个空白文档，在文档中输入文本后正确保存文档。

在完成本实训项目的过程中，应注意 Word 2021 的基本操作。在输入文本时，可以按 Delete（删除）键删除鼠标光标后面的字符，按 Backspace（退格）键删除鼠标光

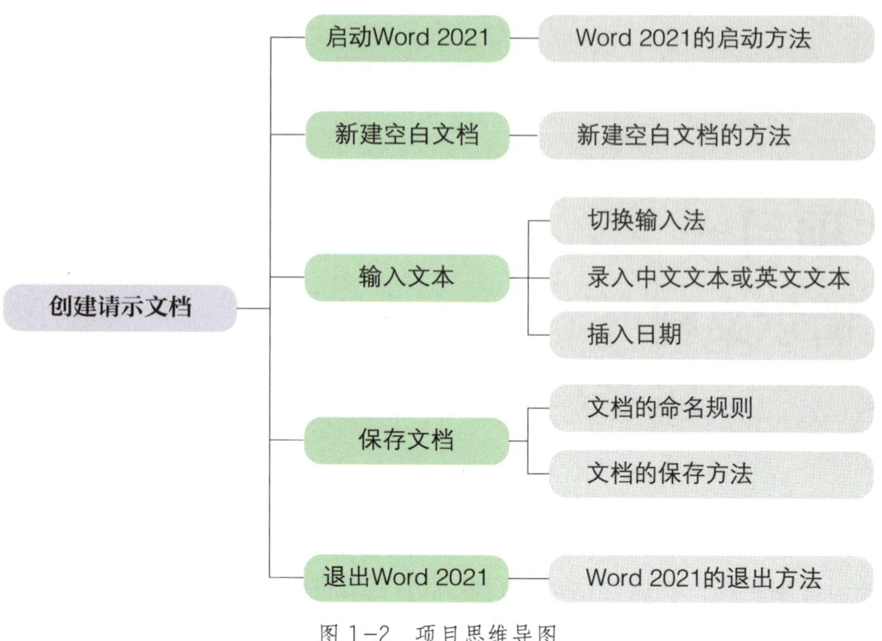

图 1-2 项目思维导图

标前面的字符，按 Enter（回车）键另起一行。在输入日期时，注意插入的是系统当前日期。

三、实训计划制订

根据实训项目分析，学生自己制订完成本实训项目的实训计划，并填写在表 1-1 中。

表 1-1 实训计划

序号	工作内容	所需时间

四、操作步骤提示

本实训项目的操作步骤提示见表 1-2。

表 1-2　操作步骤提示

序号	操作步骤	内容
1	启动 Word 2021	方法 1：通过桌面上的 Word 快捷方式图标启动 方法 2：通过单击 Windows 操作系统“开始”菜单中的“Word”选项启动
2	新建空白文档	方法 1：在 Word 2021 启动界面中单击“空白文档”按钮新建一个空白文档 方法 2：打开一个 Word 文档，使用 Ctrl+N 快捷键新建一个空白文档
3	输入文本	选择中文输入法，输入请示文档中的文本内容，按 Enter 键分段
4	插入日期	在“插入”选项卡下单击“文本”组中的“日期和时间”按钮，在弹出的“日期和时间”对话框中选择合适的日期和时间格式，插入系统当前日期
5	保存文档	将文档保存为“请示 .docx”，并注意文档的命名规则 方法 1：使用“文件”|“保存”选项或“文件”|“另存为”选项保存文档 方法 2：单击快速访问工具栏中的“保存”按钮保存文档 方法 3：使用 Ctrl+S 快捷键保存文档
6	退出 Word 2021	方法 1：单击 Word 操作界面右上角的“关闭”按钮退出 Word 方法 2：双击 Word 操作界面左上角退出 Word 方法 3：使用 Alt+F4 快捷键退出 Word

五、操作要点记录

在表 1-3 中记录本实训项目的操作要点。

表 1-3　操作要点记录

序号	操作要点	备注

六、运行与修改记录

运行并修改文档，排除出现的错误，并在表 1–4 中做好记录。

表 1–4　运行与修改记录

序号	出现错误	错误原因	处理方法

七、实训评价

本实训项目完成后，学生展示文档制作成果，解说在完成项目过程中的心得体会。展示结束后，从职业素养、专业能力、工作成果等方面对该实训项目进行评价，采用自我评价、小组评价、教师评价相结合的多元评价方式，见表 1–5。

表 1–5　实训评价

序号	评价内容	配分 / 分	评价分数		
			自我评价（占比 30%）	小组评价（占比 30%）	教师评价（占比 40%）
1	对实训项目的分析准确到位	10			
2	能快速启动 Word 2021	10			
3	能熟练使用几种不同的方法创建空白文档	20			
4	能正确录入文本	20			
5	能为文档命名，并将文档保存到指定位置	20			
6	能熟练退出 Word 2021	10			
7	能正确展示及解说项目成果	10			
学生姓名		综合评分			

八、巩固与练习

1. 选择题

（1）Word 2021 是（　　）。

A. 文字编辑软件　　B. 系统软件

C. 硬件　　D. 操作系统

（2）Word 2021 文档的扩展名默认为（　　）。

A. DOCX　　B. DOC　　C. DOTX　　D. DAT

（3）在 Word 2021 的文档窗口进行最小化操作会（　　）。

A. 将指定的文档关闭

B. 关闭文档及其窗口

C. 使文档窗口和文档都没有关闭

D. 将指定的文档从外存中读入并显示

（4）在 Word 2021 中第一次保存文档时会弹出（　　）对话框。

A. “保存”　　B. “全部保存”

C. “另存为”　　D. “保存为”

（5）下列关于 Word 2021 文档窗口的说法中，正确的是（　　）。

A. 只能打开一个文档窗口

B. 可以同时打开多个文档窗口，但其中只有一个是活动窗口

C. 可以同时打开多个文档窗口，被打开的窗口都是活动窗口

D. 可以同时打开多个文档窗口，但在屏幕上只能看到一个文档窗口

（6）退出 Word 2021 时，如果有工作文档尚未存盘，系统的处理方法是（　　）。

A. 不予理会，照样退出

B. 自动保存文档

C. 会弹出一个要求保存文档的对话框供用户决定保存与否

D. 有时会弹出对话框，有时不会

（7）Ctrl+S 快捷键的功能是（　　）。

A. 删除文字　　B. 粘贴文字

C. 复制文字　　D. 保存文档

（8）新建文档的快捷键是（　　）。

A. Alt+N　　B. Ctrl+N　　C. Shift+N　　D. Ctrl+S

（9）在“文件”菜单中通过（　　）可以修改保存文档的默认文件夹。

A. 在“选项”下单击“保存”选项

B. 在“自定义”下单击“选项”选项

C. 在“选项”下单击“文件位置”选项

D. 在“自定义”下单击“文件位置”选项

2. 操作题

在 Word 2021 中制作文本录入文档，具体要求如下：新建一个空白文档，选择中文输入法，录入图 1–3 所示文本内容，录入完毕将该文档命名为“文本录入 .docx”保存至指定文件夹中。

> Word 2021是微软公司开发的一款文字处理软件，它是Microsoft Office 2021套件中的一部分。Word 2021具有强大的文字处理和排版功能，可以用于创建和编辑各种类型的文档，包括信函、报告、简历和书籍等。此外，Word 2021还具有智能化的工具和功能，如实时协作、自动修订和文档共享等，以帮助用户更轻松地完成复杂的文档编辑任务。
>
> 与Word 2019相比，Word 2021加入了焦点功能。开启后可以将阅读范围限制在一行、三行或者五行，有效提高用户工作时的专注度，不受其他因素影响。可通过【视图】-【沉浸式阅读器】-【行焦点】来开启此功能。

图 1–3　文本录入

实训项目二
编排请示文档

一、实训项目介绍

在实训项目一中创建的请示文档尚未排版，在正式报领导审批之前，小王还需按请示的版式要求编排文档。

具体要求如下：打开素材“请示 .docx”，设置标题格式为“华文中宋、加粗、二号、居中对齐、段前间距 6 磅、段后间距 12 磅”，设置其他文本的格式为“宋体、三号”，设置文档的第三段、第四段首行缩进 2 字符，设置文档的最后两段为右对齐。编排后的请示文档最终效果如图 2-1 所示。

关于组织公司员工开展团建活动的请示

尊敬的领导：

为加强各部门新老员工之间的情感交流，丰富员工的业余文化生活，熔炼团队精神，提升企业凝聚力，公司拟于 2023 年 5 月 3 日组织全体员工赴山鹰户外拓展训练基地开展团建活动。预计本次活动总费用为 9 000 元（含交通费、餐费、教练员课时费等），具体方案附后。

妥否，请领导批示。

××公司行政部

2023 年 4 月 25 日

图 2-1　编排后的请示文档最终效果

二、实训项目分析

要完成本实训项目，应按照图 2–2 所示思维导图复习教材中学到的知识点和技能点。

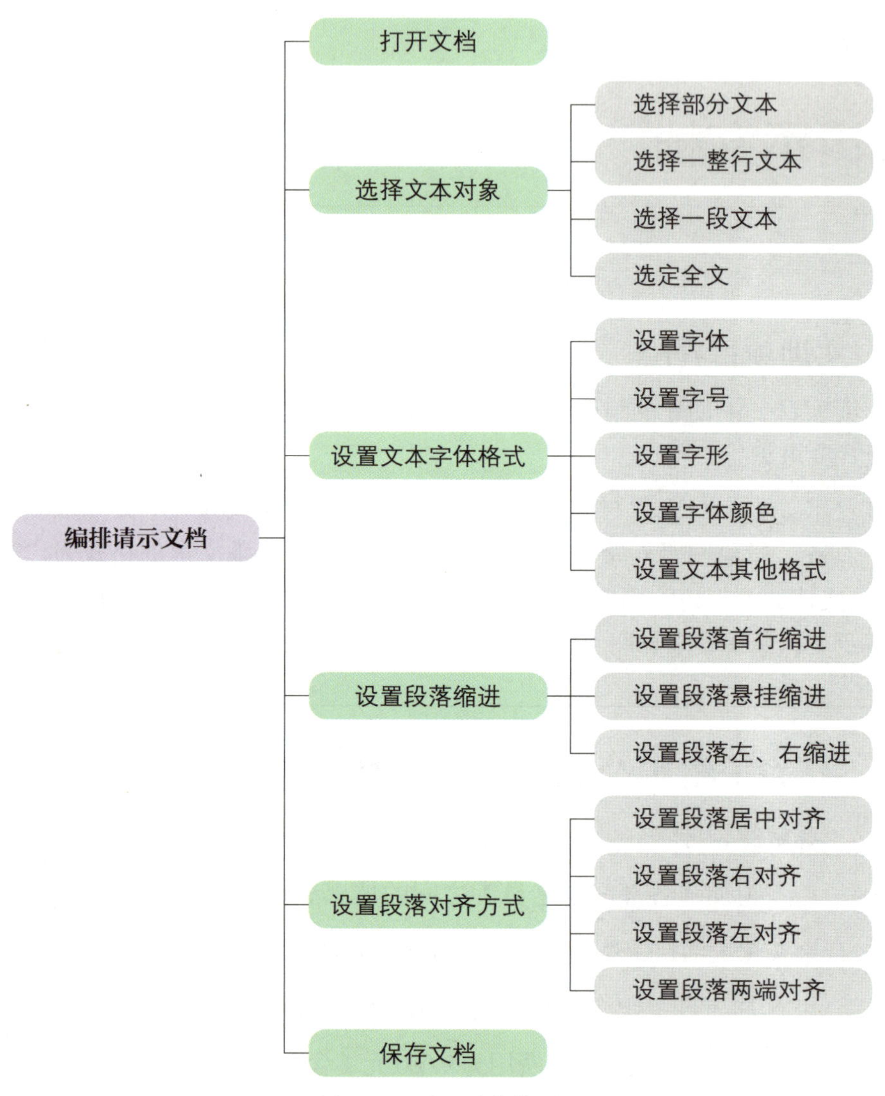

图 2–2　项目思维导图

为完成本实训项目，需打开素材“请示 .docx”，使用“开始”选项卡下的“字体”组和“段落”组中的相关选项设置文本的字体格式及段落格式。

在完成本实训项目的过程中，应注意在设置字体格式前要先选定文本。在设置段落格式时，可以先选定该段落，也可将鼠标光标置于该段落中。注意段落缩进和段落对齐一般不使用空格来完成。

三、实训计划制订

根据实训项目分析，学生自己制订完成本实训项目的实训计划，并填写在表 2–1 中。

表 2–1　实训计划

序号	工作内容	所需时间

四、操作步骤提示

本实训项目的操作步骤提示见表 2–2。

表 2–2　操作步骤提示

序号	操作步骤	内容
1	打开文档	打开素材“请示 .docx” 方法 1：通过“此电脑”或“资源管理器”打开文档 方法 2：通过 Word 2021“文件”菜单下的“打开”选项打开文档 方法 3：直接单击快速访问工具栏上的“打开”按钮打开文档 方法 4：按 Ctrl+O 快捷键打开文档
2	设置标题字体格式	选中标题文字，在“开始”选项卡下“字体”组中的“字体”下拉列表中选择“华文中宋”，在“字号”下拉列表中选择“二号”
3	设置标题段落格式	将鼠标光标置于标题行，单击“开始”选项卡下“段落”组右下侧的启动按钮，在弹出的“段落”对话框的“对齐方式”下拉列表中选择“居中”；在“段前”微调框中输入“6 磅”，在“段后”微调框中输入“12 磅”
4	设置其他文本字体格式	选中标题以外的其他文本，在“开始”选项卡下“字体”组中的“字体”下拉列表中选择“宋体”，在“字号”下拉列表中选择“三号”
5	设置其他段落格式	选中第 3 段和第 4 段文本，单击“开始”选项卡下“段落”组右下侧的启动按钮，在弹出的“段落”对话框中的“特殊”下拉列表中选择“首行”，在“缩进值”微调框中输入“2 字符” 选中文档的最后两行文本，单击“开始”选项卡下“段落”组中的“右对齐”按钮
6	保存文档	单击快速访问工具栏中的“保存”按钮，将文档以原文件名保存至原位置

五、操作要点记录

在表 2–3 中记录本实训项目的操作要点。

表 2–3 操作要点记录

序号	操作要点	备注

六、运行与修改记录

运行并修改文档，排除出现的错误，并在表 2–4 中做好记录。

表 2–4 运行与修改记录

序号	出现错误	错误原因	处理方法

七、实训评价

本实训项目完成后，学生展示文档编排成果，解说在完成项目过程中的心得体会。展示结束后，从职业素养、专业能力、工作成果等方面对该实训项目进行评价，采用自我评价、小组评价、教师评价相结合的多元评价方式，见表 2–5。

表 2-5　实训评价

序号	评价内容	配分 / 分	评价分数		
			自我评价（占比 30%）	小组评价（占比 30%）	教师评价（占比 40%）
1	对实训项目的分析准确到位	10			
2	软件运用熟练，操作得当	10			
3	能熟练使用几种不同的方法打开文档	10			
4	能熟练设置字体格式	30			
5	能熟练设置段落的对齐方式	15			
6	能使用几种不同的方法设置段落的首行缩进	15			
7	能正确展示及解说项目成果	10			
学生姓名		综合评分			

八、巩固与练习

1. 选择题

（1）下列关于 Word 2021 文本行的说法中，正确的是（　　）。

A. 输入文本内容到达屏幕右边界时，只有按回车键才能换行

B. Word 2021 文本行的宽度与页面设置有关

C. Word 2021 文本行的宽度就是显示器的宽度

D. 用户无法控制 Word 2021 文本行的宽度

（2）在 Word 2021 编辑状态下，若鼠标光标在某行行首左边选取区，下列操作中可以仅选取光标所在行的是（　　）。

A. 双击鼠标左键　　　　B. 单击鼠标右键

C. 将鼠标左键连击三下　　　　D. 单击鼠标左键

（3）在 Word 2021 编辑状态下连续进行了两次“插入”操作后，单击一次“撤销”按钮后，（　　）。

A. 两次插入的内容全部被撤销　　　　B. 第一次插入的内容被撤销

C. 第二次插入的内容被撤销　　　　D. 两次插入的内容都不会被撤销

（4）在 Word 2021 编辑状态下，执行“复制”命令后，（　　）。

A. 被选取内容将被复制到插入点处

B. 被选取内容将被复制到剪贴板

C. 被选取内容将出现在当前复制内容之后

D. 光标所在段落内容被复制到剪贴板

（5）在 Word 2021 编辑状态下要撤销上一次操作的快捷键是（　　）。

A. Ctrl+H　　B. Ctrl+Z　　C. Ctrl+Y　　D. Ctrl+U

（6）在编辑文档中要删除插入点前面的字符，可以按（　　）。

A. Delete 键　　B. Ctrl+Delete 快捷键

C. Backspace 键　　D. Ctrl+Backspace 快捷键

（7）在 Word 2021 中，对于选定的一段文字执行“剪切”操作后，可以使用“粘贴”操作的次数是（　　）次。

A. 1　　B. 2　　C. 3　　D. 无数

（8）Word 2021 剪贴板最多能容纳（　　）项内容。

A. 10　　B. 12　　C. 20　　D. 24

（9）在 Word 2021 编辑状态下，要将鼠标光标移到文档末尾，可以按（　　）快捷键。

A. Ctrl+End　　B. End　　C. Ctrl+Home　　D. Home

（10）下列关于 Word 2021 查找操作的说法中，错误的是（　　）。

A. 可以从插入点当前位置开始向上查找

B. 无论在什么情况下，查找操作都是在整个文档范围内进行

C. Word 2021 可以查找带格式的文本内容

D. Word 2021 可以查找一些特殊的格式符号，如分页线等

2. 操作题

（1）使用素材“操作题 1.docx”，在 Word 2021 中制作文档，具体要求如下：新建一个空白文档，录入图 2-3 所示的文字、字母、标点符号及特殊符号（提示：符号❁、✠位于“符号”对话框的字体“Wingdings”中），并完成以下操作：

1）将素材“操作题 1.docx”中的所有内容复制到该新建空白文档的第一段之后，成为文档的第二段。

2）将文档第二段和第三段中的所有“人工智能”替换为“AI”。

3）将文档以“人工智能 .docx”命名并保存至指定文件夹。人工智能文档最终效果如图 2-4 所示。

> ☸人工智能（Artificial Intelligence），英文缩写为AI。它是研究、开发用于模拟、延伸和扩展人的智能的理论、方法、技术及应用系统的一门新的技术科学。
>
> ✠AI是一门极富挑战性的科学，从事这项工作的人必须懂得计算机知识、心理学和哲学。AI由不同的领域组成，如机器学习、计算机视觉等，总的来说，AI研究的一个主要目标是使机器能够胜任一些通常需要人类智能才能完成的复杂工作。

图 2-3　人工智能文档录入内容

> ☸人工智能（Artificial Intelligence），英文缩写为AI。它是研究、开发用于模拟、延伸和扩展人的智能的理论、方法、技术及应用系统的一门新的技术科学。
>
> AI是计算机科学的一个分支，它企图了解智能的实质，并生产出一种新的能以人类智能相似的方式做出反应的智能机器，该领域的研究包括机器人、语言识别、图像识别、自然语言处理和专家系统等。
>
> ✠AI是一门极富挑战性的科学，从事这项工作的人必须懂得计算机知识、心理学和哲学。AI由不同的领域组成，如机器学习、计算机视觉等，总的来说，AI研究的一个主要目标是使机器能够胜任一些通常需要人类智能才能完成的复杂工作。

图 2-4　人工智能文档最终效果

（2）使用素材“文学欣赏 .docx”，在 Word 2021 中制作文学欣赏文档，具体要求如下：

1）设置字体格式：设置第一段文本的字体颜色为“橙色，个性 6，深色 25%”，加粗，字符间距为加宽 3 磅；设置第二段文本格式为“宋体、四号、加粗”，字符间距为加宽 2 磅，添加字符底纹；设置第四段文本格式为“宋体、四号、加粗”，字符间距为加宽 2 磅，添加字符底纹；设置文档中的其他文本格式为“楷体、小四”。

2）在文档的第一段之后增加一个段落，输入文本“荷塘月色——朱自清”，设置其格式为“黑体、二号”，将字符缩放至 120%，给文字加拼音，设置拼音字号为 12 磅。

3）对照图 2–5，将“文学欣赏”四个字设置成带圈字符。

4）对照图 2–5，将文档中部分文本加粗，并添加双下画线。

5）对照图 2–5，给文字“此时距离他北大毕业，正好五年”加双删除线。

6）将文档中所有“荷塘月色”的字体颜色设置为“深蓝，文字 2，淡色 40%”并加粗。

7）设置正文各段落的行距为固定值 24 磅。

8）将文档以“文学欣赏 .docx”命名并保存至指定位置。

文学欣赏文档最终效果如图 2-5 所示。

h étángyuès è　　　zhū z ì qīng
荷塘月色——朱自清

作品介绍

《荷塘月色》是中国现代文学家朱自清任教清华大学时创作的散文，因收入中学语文教材而广为人知，是现代抒情散文的名篇。文章写了荷塘月色美丽的景象，含蓄而又委婉地抒发了作者不满现实、**渴望自由**、想超脱现实而又不能的复杂的思想感情，寄托了作者一种向往于未来的政治思想，也寄托了作者对荷塘月色的喜爱之情，为后人留下了旧中国正直知识分子在苦难中徘徊前进的足迹。**全文构思新奇精巧，语言清新典雅，景物描绘细腻传神，具有强烈的画面感。**

创作背景

《荷塘月色》作于 1927 年 7 月。1925 年暑假后，北京清华学校加办大学部，成立国文系，**俞平伯**推荐朱自清为该校教授。8 月，朱自清来到北京清华大学任教，此时的他单独而来，住在清华园的古月堂，家眷仍然留居白马湖。10 月 20 日，朱自清在**《语丝》**第 48 期中发表诗作**《我的南方》**，表达对南方的怀念。“我的南方，我的南方，那儿是山乡水乡！那儿是醉乡梦乡！五年来的彷徨，羽毛般地飞扬！”~~此时距离他北大毕业，正好五年~~。1927 年 1 月，朱自清定居北京，住在清华园西院，该年 7 月创作了散文《荷塘月色》。

图 2-5　文学欣赏文档最终效果

实训项目三
制作通知文档

一、实训项目介绍

某公司拟于2023年5月3日组织全体员工开展一次户外团建活动，由行政部小王负责制作通知文档。

具体要求如下：创建空白文档，对照图3-1录入通知内容，在文档最后插入当前日期；设置文档的标题格式为“黑体、二号、居中对齐、段后间距为0.5行”；设置文档的正文格式为“宋体、四号、首行缩进2字符、行距为固定值26磅”；设置文档的最后两行右对齐；设置文档倒数第二行的段前间距为2行、段后间距为0.5行；给文本“任何人不得请假，不得自驾前往”加着重号。通知文档最终效果如图3-1所示。

通　知

各位同事：

为感谢大家一年来的辛勤工作，加强各部门新老员工之间的情感交流，熔炼团队精神，提升企业凝聚力，公司拟于2023年5月3日组织全体员工赴山鹰户外拓展训练基地开展团建活动。现将有关事项通知如下：

一、时间：2023年5月3日

二、地点：山鹰户外拓展训练基地

三、参与人员：公司全体员工

四、行程安排

1. 8:00 在公司大门口统一乘车

2. 上午 活动启动仪式，活动项目一、二

3. 12:00午餐

4.下午 活动项目三、四、五及活动收获和心得分享

5. 18:00晚餐

6.18:30 返程

五、活动纪律★★★

1.无特殊情况，任何人不得请假，不得自驾前往，如有特殊情况请于4月27日下班前报备；

2.服从团队的统一指挥和安排，任何人不得擅自离队随意活动。

××公司

2023年4月26日

图3-1　通知文档最终效果

二、实训项目分析

要完成本实训项目，应按照图 3-2 所示思维导图复习教材中学到的知识点和技能点。

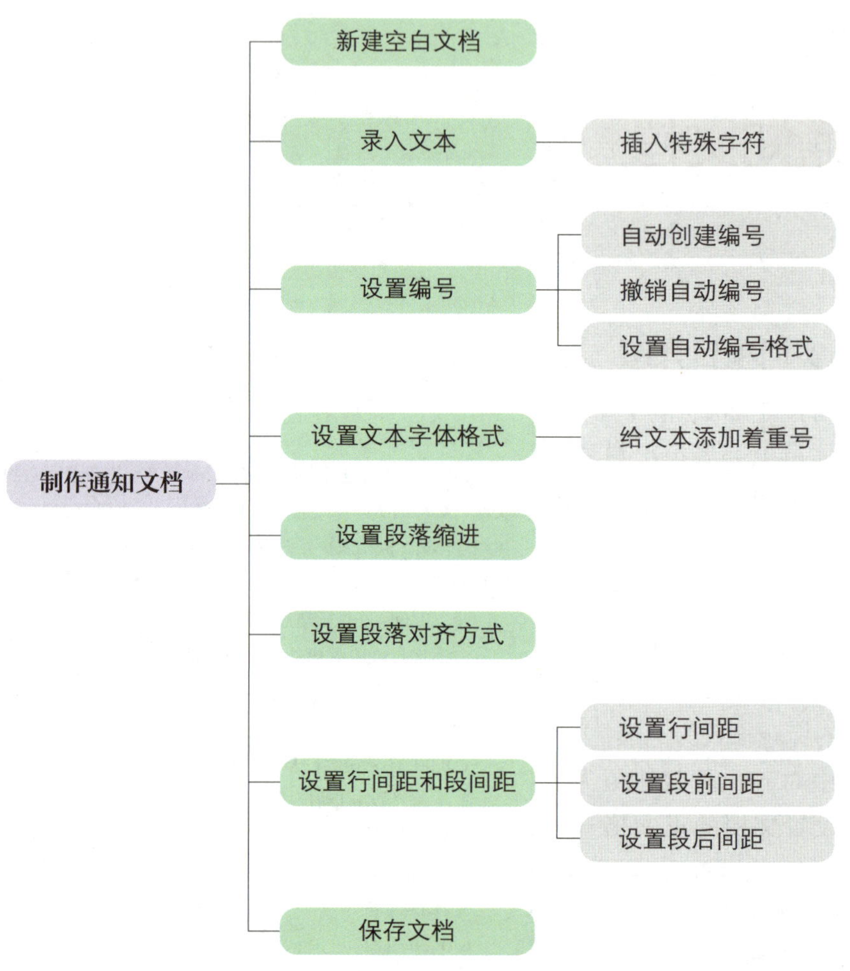

图 3-2　项目思维导图

为完成本实训项目，需启动 Word 2021 新建一个空白文档，在文档中输入文本及特殊字符，然后设置文档的字体格式、段落格式，最后将文档保存至合适的位置。

在完成本实训项目的过程中，应注意自动编号的处理技巧。在输入文本的时候，在段首“1.”后输入文本，按 Enter 键会自动添加下一个列表项“2.”，如果要结束自动编号，可以连续按两次 Enter 键。如果不需要自动编号，可在“1.”处的“自动更正选项”标识中选择“撤销自动编号”。

三、实训计划制订

根据实训项目分析，学生自己制订完成本实训项目的实训计划，并填写在表 3–1 中。

表 3–1　实训计划

序号	工作内容	所需时间

四、操作步骤提示

本实训项目的操作步骤提示见表 3–2。

表 3–2　操作步骤提示

序号	操作步骤	内容
1	创建文档	启动 Word 2021，创建空白文档
2	录入文本	选择中文输入法，输入团建活动通知文档中的文本内容
3	插入日期	插入系统当前日期
4	插入特殊字符	在“插入”选项卡下单击“符号”组中的“符号”按钮，在弹出的下拉列表中选择“其他符号”选项，在弹出的“符号”对话框中选择合适的符号（提示：符号“★”位于“符号”对话框的字体“Wingdings”中）
5	设置标题格式	设置标题字体格式：黑体、二号 设置标题段落格式：居中对齐、段后间距为 0.5 行
6	设置正文格式	设置正文字体格式：宋体、四号 选中文本“任何人不得请假，不得自驾前往”，在“字体”对话框的“着重号”下拉列表中选择“.”，给文本加上着重号
7	设置正文文本段落格式	设置除标题及最后两段落以外的其他所有段落：首行缩进 2 字符，行距为固定值 26 磅 设置最后两段文本：右对齐 设置倒数第二段文本：段前间距为 2 行、段后间距为 0.5 行
8	保存文档	将文档保存为“团建活动通知 .docx”

五、操作要点记录

在表 3-3 中记录本实训项目的操作要点。

表 3-3　操作要点记录

序号	操作要点	备注

六、运行与修改记录

运行并修改文档，排除出现的错误，并在表 3-4 中做好记录。

表 3-4　运行与修改记录

序号	出现错误	错误原因	处理方法

七、实训评价

本实训项目完成后，学生展示文档制作成果，解说在完成项目过程中的心得体会。展示结束后，从职业素养、专业能力、工作成果等方面对该实训项目进行评价，采用自我评价、小组评价、教师评价相结合的多元评价方式，见表 3-5。

表 3-5　实训评价

序号	评价内容	配分 / 分	评价分数		
			自我评价（占比 30%）	小组评价（占比 30%）	教师评价（占比 40%）
1	对实训项目的分析准确到位	10			
2	能正确录入文本及特殊字符	20			
3	能正确应用“项目符号及编号”功能	10			
4	能熟练设置文档的字体格式	15			
5	能熟练设置文档的段落缩进及段落对齐方式	15			
6	能熟练设置行距与段间距	20			
7	能正确展示及解说项目成果	10			
学生姓名		综合评分			

八、巩固与练习

1．选择题

（1）在 Word 2021 的编辑状态下进行字体设置操作后，按新设置的字体显示的文字是（　　）。

A．插入点所在段落中的文字　　B．文档中被选择的文字

C．插入点所在行中的文字　　D．文档中的全部文字

（2）若要将 Word 2021 中一些文本内容设置为黑体，应先（　　）。

A．单击 **B** 按钮　　B．单击 U 按钮

C．选定该文本内容　　D．单击 A 按钮

（3）要使 Word 2021 中文档的标题处于居中位置，应设置标题为（　　）。

A．两端对齐　　B．居中对齐

C．分散对齐　　D．右对齐

（4）若想在 Word 2021 编辑状态下调整鼠标光标所在段落的行距，应先进行的操作是（　　）。

A．打开“开始”选项卡　　B．打开“插入”选项卡

C．打开“布局”选项卡　　D．打开“视图”选项卡

（5）要在 Word 2021 编辑状态下设置段落的行距不大于单倍行距，应在“段落”对话框的“缩进和间距”选项卡的“行距”下拉列表中选择（　　）再输入设置值。

A. 两倍　　B. 单倍　　C. 固定值　　D. 最小值

（6）下列关于“格式刷”工具的说法中，不正确的是（　　）。

A.“格式刷”工具可以用来复制文字

B.“格式刷”工具可以用来快速设置字体格式

C.“格式刷”工具可以用来快速设置段落格式

D. 双击“开始”选项卡下“剪贴板”组中的“格式刷”按钮，可以多次复制同一格式

（7）在 Word 2021 中使用水平标尺可以直接设置段落缩进，标尺左端上面的倒三角形标记代表（　　）。

A. 左缩进　　B. 右缩进　　C. 首行缩进　　D. 悬挂缩进

（8）在 Word 2021 编辑区单击（　　）组中的“项目符号”按钮，可为选中的段落加上默认的项目符号。

A.“字体”　　B.“段落”　　C.“样式”　　D.“剪贴板”

（9）在“段落”对话框中不可设置的项目是（　　）。

A. 首行缩进　　B. 居中对齐　　C. 字符间距　　D. 行距

（10）若要在 Word 2021 编辑状态下调整文档的左右页边距，比较直观的方法是使用（　　）。

A. 功能区按钮　　B.“段落”对话框

C.“页面设置”对话框　　D. 标尺

2. 操作题

（1）在 Word 2021 中打开素材“人生经典格言 .docx”，按要求设置和编排文档格式，具体要求如下：

1）设置字体：设置第一行标题为黑体、正文第一段为仿宋、正文第二段为楷体。

2）设置字号：设置第一行标题字号为二号，将正文最后一段文字设置为小四。

3）设置字形：设置第一行标题为加粗，正文第二段文字加下画线，正文最后一段文字加着重点，全文所有的“开拓”二字加粗、加双下画线。

4）设置对齐方式：设置第一行标题居中对齐。

5）设置段落缩进：设置正文各段落首行缩进 2 字符、左右侧各缩进 1 字符。

6）设置段落间距：设置第一行标题的段后间距为 1 行、正文各段落的段后间距为

0.5 行、正文最后一段文字的段前间距为 1 行。

7）设置行间距：设置正文各段落行距为固定值 20 磅。

8）为文字“少小离家老大回，乡音无改鬓毛衰”加上拼音，将拼音的字号设置为 14 磅。

操作完成后保存文档，文档最终效果如图 3–3 所示。

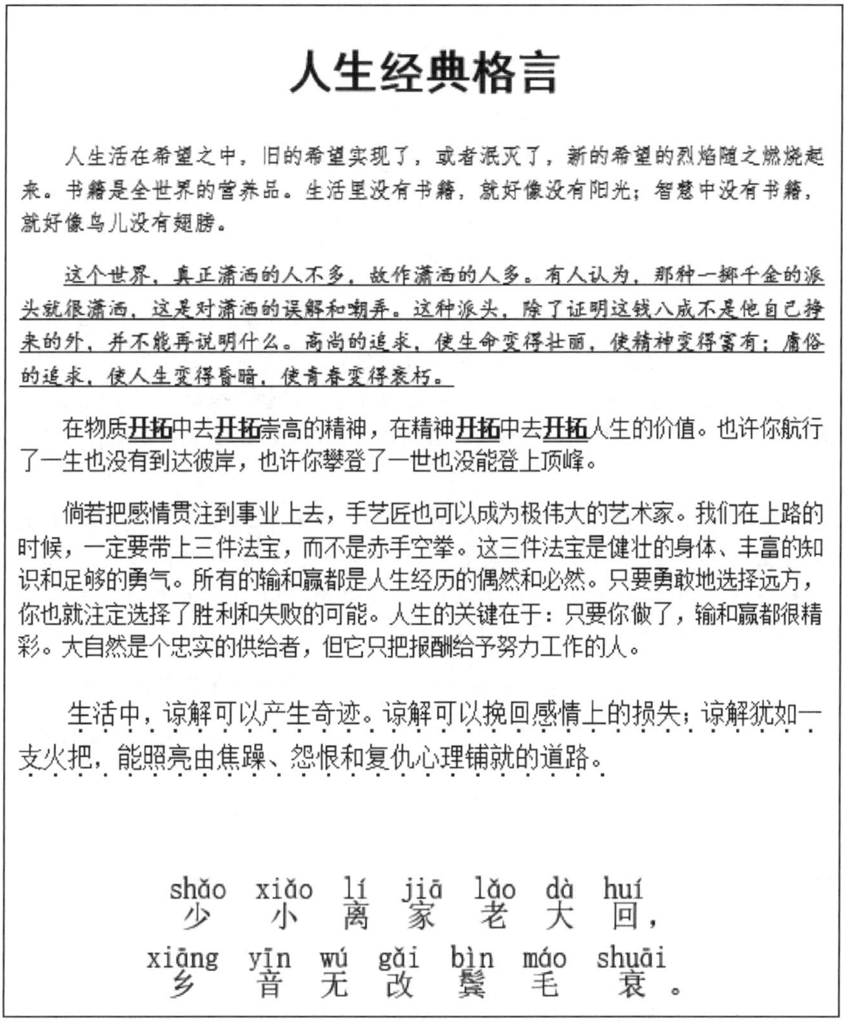

人生经典格言

人生活在希望之中，旧的希望实现了，或者泯灭了，新的希望的烈焰随之燃烧起来。书籍是全世界的营养品。生活里没有书籍，就好像没有阳光；智慧中没有书籍，就好像鸟儿没有翅膀。

这个世界，真正潇洒的人不多，故作潇洒的人多。有人认为，那种一掷千金的派头就很潇洒，这是对潇洒的误解和嘲弄。这种派头，除了证明这钱八成不是他自己挣来的外，并不能再说明什么。高尚的追求，使生命变得壮丽，使精神变得富有；庸俗的追求，使人生变得昏暗，使青春变得衰朽。

在物质**开拓**中去**开拓**崇高的精神，在精神**开拓**中去**开拓**人生的价值。也许你航行了一生也没有到达彼岸，也许你攀登了一世也没能登上顶峰。

倘若把感情贯注到事业上去，手艺匠也可以成为极伟大的艺术家。我们在上路的时候，一定要带上三件法宝，而不是赤手空拳。这三件法宝是健壮的身体、丰富的知识和足够的勇气。所有的输和赢都是人生经历的偶然和必然。只要勇敢地选择远方，你也就注定选择了胜利和失败的可能。人生的关键在于：只要你做了，输和赢都很精彩。大自然是个忠实的供给者，但它只把报酬给予努力工作的人。

生活中，谅解可以产生奇迹。谅解可以挽回感情上的损失；谅解犹如一支火把，能照亮由焦躁、怨恨和复仇心理铺就的道路。

shǎo xiǎo lí jiā lǎo dà huí
少小离家老大回，

xiāng yīn wú gǎi bìn máo shuāi
乡音无改鬓毛衰。

图 3–3　人生经典格言文档最终效果

（2）在 Word 2021 中打开素材“境由心造 .docx”，按下列要求设置和编排文档格式，具体要求如下：

1）设置第一行标题格式：隶书、一号、倾斜、居中对齐。

2）设置正文第一段格式：华文新魏、小四、加下画线；设置正文第二段格式：华

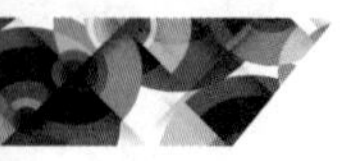

文细黑、小四；设置正文第三段格式：楷体、小四、加粗、加着重号。

3）设置“罗兰”一行居中对齐，“——摘自《哲理散文》”一行右对齐。

4）设置正文各段首行缩进 2 字符、全文左右各缩进 1 字符。

5）设置中文部分各段段前间距、段后间距为 0.5 行，设置正文第二段和第三段行距为固定值 18 磅。

6）设置项目符号或编号：对文中英文部分添加图 3-4 所示项目符号。

操作完成后保存文档，文档最终效果如图 3-4 所示。

境由心造

罗兰

一个人的处境是苦是乐常常是主观的。

有人安于某种生活，有人不能。因此能安于自己目前处境的不妨就如此生活下去，不能的只好努力另找出路。你无法断言哪里才是成功的，也无法肯定当自己到达了某一点之后，会不会快乐。有些人永远不会感到满足，他的快乐只建立在不断地追求与争取的过程之中，因此他的目标不断地向远处推移。这种人的快乐可能少，但成就可能大。

苦乐全凭自己判断，这和客观环境并不一定有直接关系，正如一个不爱珠宝的女人，即使置身在极其重视虚荣的环境中，也无伤她的自尊。拥有万卷书的穷书生，并不想去和富翁交换钻石或股票。满足于田园生活的人也并不羡慕任何学者的荣誉头衔，或高官厚禄。

你的爱好就是你的方向，你的兴趣就是你的资本，你的性情就是你的命运。

——摘自《哲理散文》

- Experience never misleads; what misleads you is only your judgement, and this can mislead you. "I have but one lamp by which my feet are guided, and that is the lamp of experience."
- "I know of no way of judging of the future but by the past", or by anticipating results from experiences of a kind that is produced by your experiments.
- Do not believe or reject anything because someone else has rejected or believed it. Heaven has given you a mind for judging truth and error. Use it.
- We can know nothing of what will happen in the future except by the analogy of past experience.

图 3-4　境由心造文档最终效果

实训项目四
制作成绩表文档

一、实训项目介绍

某公司年度员工考评工作已完成，行政部小王需制作各部门的员工成绩表。

具体要求如下：在 Word 2021 中插入一个 14 行 7 列的空白表格，录入图 4–1 所示数据，并将相应单元格合并。设置标题格式为“宋体、四号、加粗、居中对齐、段后间距 12 磅”；设置单元格格式为“宋体、小四、水平居中”；设置第一列各部门名称文字方向为竖排；设置除第一行、最后一行外的其他各行行高均为 0.8 厘米；在表格左上角单元格插入斜下框线，设置该单元格文字字号为五号；为表格添加边框并给表格的最后一行填充颜色为“蓝 – 灰，文字 2，淡色 40%”、图案样式为 12.5% 的底纹。计算每位员工的总成绩及公司员工每门课程的平均成绩。制作完成后将文档保存为“成绩表 .docx”。成绩表最终效果如图 4–1 所示。

成绩表

课程 姓名		公司文化	公司制度	公司章程	业务能力	总成绩
项目部	陈成	82	90	90	92	354
	蒋雨	85	95	91	90	361
	张三	88	93	95	89	365
	王林	91	89	98	85	363
行政部	李四	80	95	96	86	357
	肖明	92	96	94	91	373
	罗林	86	98	92	87	363
	江江	90	92	90	95	367
研发部	王五	87	99	89	91	366
	罗七	91	90	93	96	370
	林一	86	93	94	93	366
	林玲	81	94	91	90	356
平均成绩		86.58	93.67	92.75	90.42	363.42

图 4–1　成绩表最终效果

二、实训项目分析

要完成本实训项目，应按照图 4–2 所示思维导图复习教材中学到的知识点和技能点。

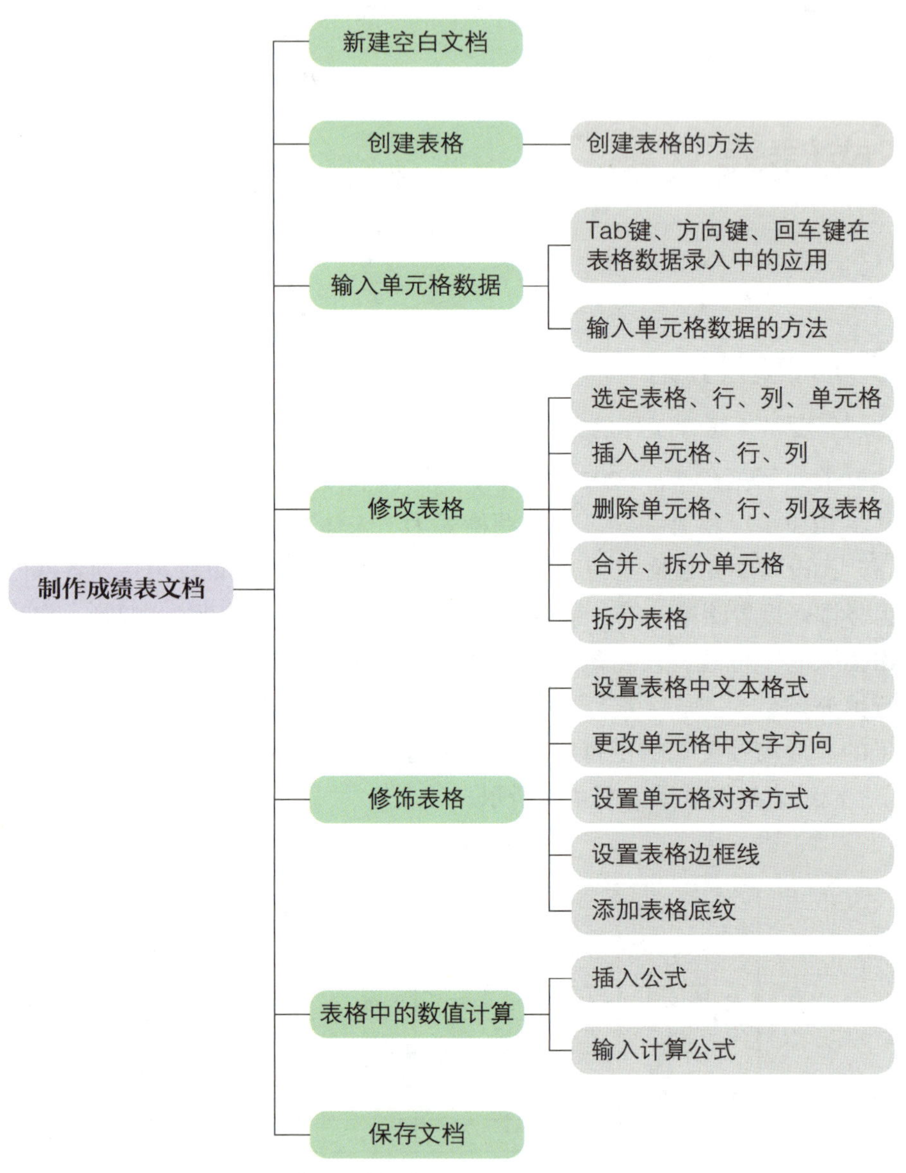

图 4–2　项目思维导图

为完成本实训项目，需在 Word 2021 中创建空白表格，修改表格样式，设置表格格式，添加表格边框与底纹，计算每位员工的总成绩和公司员工每门课程的平均成绩。

在完成本实训项目的过程中，如果插入的表格行数、列数不足或太多，可通过“表格工具”中的“布局”选项卡下“行和列”组中的相应按钮增加行和列或删除行和列。表格中行高、列宽的调整可通过“表格属性”对话框设置，也可使用鼠标拖动表格边框线设置。制作表格时，应先输入表格中的数据，再设置表格格式和样式。输入数据时可使用 Tab 键移动鼠标光标至后一个单元格，也可使用 Shift+Tab 快捷键移动鼠标光标至前一个单元格，设置表格格式时需先选取设置对象。

三、实训计划制订

根据实训项目分析，学生自己制订完成本实训项目的实训计划，并填写在表 4-1 中。

表 4-1　实训计划

序号	工作内容	所需时间

四、操作步骤提示

本实训项目的操作步骤提示见表 4-2。

表 4-2　操作步骤提示

序号	操作步骤	内容
1	创建表格	单击“插入”选项卡下“表格”组中的“表格”按钮，弹出下拉菜单，使用以下方法插入一个 14 行 7 列的空白表格： 方法 1：在下拉菜单中使用单元格选择板直接创建表格 方法 2：在下拉菜单中使用“插入表格”选项创建表格 方法 3：在下拉菜单中使用“绘制表格”选项创建表格 方法 4：在下拉菜单中使用“快速表格”选项创建表格
2	合并单元格	选中表格第一行第一列、第二列这两个单元格，单击“表格工具”中的“布局”选项卡下“合并”组中的“合并单元格”按钮，将两个单元格合并 选中表格最后一行第一列、第二列这两个单元格，单击“表格工具”中的“布局”选项卡下“合并”组中的“合并单元格”按钮，将两个单元格合并 使用类似的操作方法分别将第一列第 2～5 个单元格、第 6～9 个单元格及第 10～13 个单元格合并

续表

序号	操作步骤	内容
3	输入数据	在表格上方输入标题，在单元格中输入数据。可使用 Tab 键移动鼠标光标至后一个单元格，也可使用 Shift+Tab 快捷键移动鼠标光标至前一个单元格
4	设置单元格文字方向	选中需要竖排文字的单元格，单击“布局”选项卡下“对齐方式”组中的“文字方向”按钮
5	设置单元格格式	设置标题格式：宋体、四号、加粗、居中对齐、段后间距 12 磅 设置单元格格式：宋体、小四、水平居中 设置行高：选中表格第 2～13 行，设置行高为 0.8 厘米
6	绘制斜线表头	选中表格左上角的单元格，单击“开始”选项卡下“段落”组中的“边框”按钮，在弹出的下拉菜单中选择“斜下框线”。输入第一行文字“课程”，设置文字右对齐；按 Enter 键后输入第二行文字“姓名”，设置文字左对齐；设置该单元格文字字号为小四
7	添加表格边框	添加表格边框线： 方法 1：选中需要修饰的表格或需要修饰的单元格，单击“表设计”选项卡下“边框”组中的“边框”按钮，在弹出的下拉菜单中选择所需要的边框线 方法 2：选中需要添加边框的表格或单元格，单击“表设计”选项卡下“边框”组中的“边框”按钮，在弹出的下拉菜单中选择“边框和底纹”选项，打开“边框和底纹”对话框，选择“边框”选项卡，根据需要在对话框中选择需要的样式、颜色及宽度，在右侧的“预览”中选择线条的位置
8	添加底纹	选中最后一行，单击“表设计”选项卡下“边框”组中的“边框”按钮，在弹出的下拉菜单中选择“边框和底纹”选项，打开“边框和底纹”对话框，选择“底纹”选项卡，在填充中选择“蓝 - 灰，文字 2，淡色 40%”，在图案样式中选择“12.5%”
9	利用公式计算单元格数据	计算每位员工的总成绩：将鼠标光标置于第一位员工的总成绩单元格，单击“表格工具”中“布局”选项卡下“数据”组中的“公式”按钮，打开“公式”对话框，在对话框的“公式”栏中输入公式“=SUM(LEFT)”，单击“确定”按钮得出计算结果。用类似的方法可计算其他员工的总成绩 计算每门课程的平均成绩：将鼠标光标置于“公司文化”的平均成绩所在单元格，单击“表格工具”中“布局”选项卡下“数据”组中的“公式”按钮，打开“公式”对话框，在对话框的“公式”栏中输入公式“=AVERAGE(ABOVE)”，单击“确定”按钮得出计算结果。用类似的方法可计算其他课程的平均成绩
10	保存表格	将文档保存为“成绩表 .docx”

五、操作要点记录

在表 4–3 中记录本实训项目的操作要点。

表 4–3　操作要点记录

序号	操作要点	备注

六、运行与修改记录

运行并修改文档，排除出现的错误，并在表 4–4 中做好记录。

表 4–4　运行与修改记录

序号	出现错误	错误原因	处理方法

七、实训评价

本实训项目完成后，学生展示文档制作成果，解说在完成项目过程中的心得体会。展示结束后，从职业素养、专业能力、工作成果等方面对该实训项目进行评价，采用自我评价、小组评价、教师评价相结合的多元评价方式，见表 4–5。

表 4-5 实训评价

<table>
<tr><th rowspan="2">序号</th><th rowspan="2">评价内容</th><th rowspan="2">配分 / 分</th><th colspan="3">评价分数</th></tr>
<tr><th>自我评价（占比 30%）</th><th>小组评价（占比 30%）</th><th>教师评价（占比 40%）</th></tr>
<tr><td>1</td><td>对实训项目的分析准确到位</td><td>10</td><td></td><td></td><td></td></tr>
<tr><td>2</td><td>软件运用熟练，操作得当</td><td>10</td><td></td><td></td><td></td></tr>
<tr><td>3</td><td>能熟练创建表格</td><td>10</td><td></td><td></td><td></td></tr>
<tr><td>4</td><td>能正确输入单元格中的数据</td><td>10</td><td></td><td></td><td></td></tr>
<tr><td>5</td><td>能熟练进行表格、单元格以及行和列的插入、删除操作</td><td>5</td><td></td><td></td><td></td></tr>
<tr><td>6</td><td>能熟练拆分和合并单元格及表格</td><td>5</td><td></td><td></td><td></td></tr>
<tr><td>7</td><td>能熟练设置表格格式</td><td>10</td><td></td><td></td><td></td></tr>
<tr><td>8</td><td>能竖排单元格文字</td><td>10</td><td></td><td></td><td></td></tr>
<tr><td>9</td><td>能熟练添加表格边框与底纹</td><td>10</td><td></td><td></td><td></td></tr>
<tr><td>10</td><td>能熟练进行表格计算</td><td>10</td><td></td><td></td><td></td></tr>
<tr><td>11</td><td>能正确展示及解说项目成果</td><td>10</td><td></td><td></td><td></td></tr>
<tr><td colspan="2">学生姓名</td><td colspan="2">综合评分</td><td colspan="2"></td></tr>
</table>

八、巩固与练习

1. 选择题

（1）在 Word 2021 文档中选定表格，按 Delete 键后，（　　）。

A. 表格中的内容全部被删除，但表格还存在

B. 表格和表格中的内容全部被删除

C. 表格被删除，但表格中的内容未被删除

D. 表格中插入点所在的行被删除

（2）在 Word 2021 文档中进行拆分表格操作后，表格被拆分成上、下两个表格，两个表格中间有一个回车符，当删除回车符后，（　　）。

A. 上、下两个表格被合并成一个表格

B. 两表格不变，插入点被移到下边的表格中

C. 两表格不变，插入点被移到上边的表格中

D. 两个表格都被删除

（3）在 Word 2021 中要删除表格中的某单元格，应执行（　　）操作。

A. 选定要删除的单元格后单击鼠标右键，在弹出的快捷菜单中选择“删除单元格”

B. 选定要删除的单元格后单击鼠标右键，在弹出的快捷菜单中选择“删除行”

C. 选定要删除的单元格后单击鼠标右键，在弹出的快捷菜单中选择“删除列”

D. 选定要删除的单元格后单击鼠标右键，在弹出的快捷菜单中选择“单元格高度和宽度”

（4）将 Word 2021 表格中的两个单元格合并成一个单元格后，（　　）。

A. 只保留第一个单元格的内容　　B. 两个单元格的内容均被保留

C. 只保留第二个单元格的内容　　D. 两个单元格的内容全部丢失

（5）在 Word 2021 中，若当前插入点在表格最后一行的最后一个单元格内，按 Tab 键后（　　）。

A. 插入点向右移动一个水平制表位

B. 插入点移至表格外

C. 在当前行下方增加一行，并且插入点移至新行的第一个单元格内

D. 在当前行上方增加一行，并且插入点位置不变

2. 操作题

（1）在 Word 2021 中制作应聘登记表，具体要求如下：

1）创建一个空白文档，绘制表格并输入数据。

2）设置标题格式为“黑体、二号、居中对齐”。

3）设置单元格内文字格式为“宋体、五号、水平居中”。

制作完成后将该文档保存为“应聘登记表 .docx”，最终效果如图 4-3 所示。

（2）在 Word 2021 中制作收货单，具体要求如下：

1）创建一个空白文档，绘制表格并录入数据。

2）设置表格标题格式为“华文中宋、三号、加粗、居中对齐”。

3）设置所有单元格内文字格式为“五号、宋体”。

4）给“合计人民币”一行填充“蓝 – 灰，文字 2，淡色 80%”、图案样式为“5%”的底纹。

5）设置表格的外侧框线、“货号”行的下框线、“数量”列的右框线及“角”列的左框线为双实线，设置其他边框线为单实线。

6）设置所有单元格内的文字对齐方式为居中对齐。

制作完成后将该文档保存为“收货单 .docx”，最终效果如图 4-4 所示。

应聘登记表

姓名		性别		出生日期	
政治面貌		婚否		身体状况	
民族		籍贯		身高	
最高学历		毕业学校		所学专业	
技能等级		职业工种		从业年限	
应聘岗位			联系电话		
家庭住址			身份证号码		
学习工作经历					
起始日期	终止日期	所在单位（学校）		具体职责	

图 4-3　应聘登记表最终效果

收 货 单

货号	名称	规格	单位	单价	数量	金额						备注
						千	百	十	元	角	分	
合计人民币	仟　佰　拾　元　角　分											
收货人						联系电话						

图 4-4　收货单最终效果

实训项目五
制作团建活动方案文档

一、实训项目介绍

某公司拟于2023年5月3日组织全体员工开展一次团建活动，行政部小王负责制作团建活动方案。

具体要求如下：在Word 2021中创建空白文档，将素材“公司团建活动方案.docx”的内容复制到该文档中，将“四、活动安排”下的段落转换成表格形式，选择文字分隔位置为空格，设置单元格对齐方式为水平居中；设置标题格式为“华文中宋、小二、加粗、段前间距6磅、段后间距12磅、居中对齐”；设置正文首行缩进2字符、1.5倍行距、文中“一、活动目的”等一级标题加粗；在指定位置插入SmartArt图形，设置SmartArt图形版式为“层次结构”下的“组织结构图”、样式为“细微效果”、字号为11磅；在文档指定位置插入素材“动力圈.jpg”“同心击鼓.jpg”“雷区取水.jpg”“穿越丛林.jpg”四张图片，设置图片高度为3.2厘米、宽度为4.2厘米、四周型环绕。在文档最后插入艺术字“期待本次活动取得圆满成功!”，设置艺术字样式为“填充：白色；边框：红色，主题色2；清晰阴影：红色，主题色2”、上下型环绕。公司团建活动方案最终效果如图5–1和图5–2所示。

二、实训项目分析

要完成本实训项目，应按照图5–3所示思维导图复习教材中学到的知识点和技能点。

公司团建活动方案

一、活动目的

加强各部门新老员工之间的情感交流，丰富员工的业余文化生活，熔炼团队精神，提升企业凝聚力。

二、活动时间与地点

1. 活动时间：2023 年 5 月 3 日

2. 活动地点：山鹰户外拓展训练基地

三、参与对象

公司全体员工

四、活动安排

时间	活动内容
8:00	在公司大门口统一乘车
9:00	团建活动启动仪式
9:30	团建项目一、二
12:00	午餐
14:00	团建项目三、四、五
17:30	活动总结
18:00	晚餐
18:30	统一乘车返程

五、项目介绍

（一）项目一：破冰行动

项目描述：破冰启航，到达基地下车后在广场集合，分组热身，活跃气氛。开营破冰，分成3队。成员分组如下：

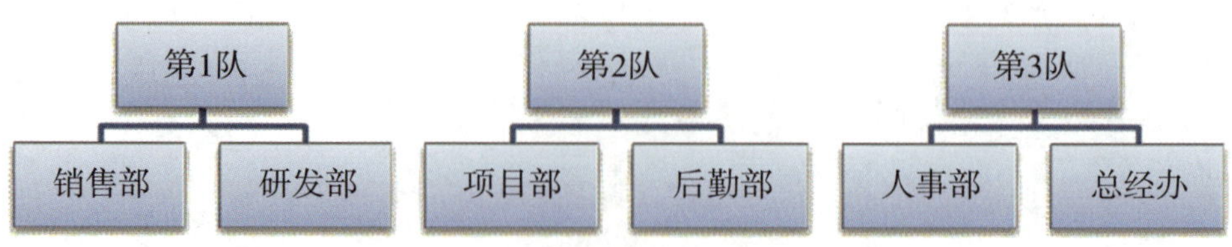

图 5-1　团建活动方案第一页最终效果

（二）项目二：动力圈

项目描述：要求所有人手拉手围成一圈，松开手，每人握住绳子的一部分围成一个圆，双脚合并，用脚后跟着地，所有人同时向后倒，让团队成员依次在这个绳子上走一圈。在走完这一圈的过程中人是不能掉下来的，否则需要重新开始。用时最短的团队为胜。

（三）项目三：同心击鼓

项目描述：游戏开始时，每个队员牵拉一根绳子，以保证鼓面水平。同时裁判将一个排球从鼓面中心上方竖直抛下，队员们齐心协力将球颠起，保证球每次被颠起的高度都距离鼓面40 cm以上，否则游戏停止，颠球次数最多的团队胜出。

（四）项目四：雷区取水

项目描述：在规定时间内，全体队员利用工具在雷区中取出弹心，取水过程中弹心里的“水”不许洒出（如洒出需重新开始），取水过程中工具及人员不得落地触雷。用时最短的团队胜出。

（五）项目五：穿越丛林

项目描述：用各种各样的障碍环节将树连成一条线路，队员需要通过跨、跳、飞、爬、滑、游等动作越过所有障碍后才能到达终点。整个项目汇集了力量、毅力、高空、速度等户外运动所必需的元素。

六、经费预算

本次活动预计参与人员有45人，预计费用约9 000元，包括餐费、租车费、教练课时费及购买活动用工具费等。

七、注意事项

参加活动的所有人员需穿运动服和运动鞋。如有身孕或有心脏病、高血压、哮喘等疾病不适合参加户外活动的，须提前告知工作人员。

期待本次活动取得圆满成功!

图 5-2　团建活动方案第二页最终效果

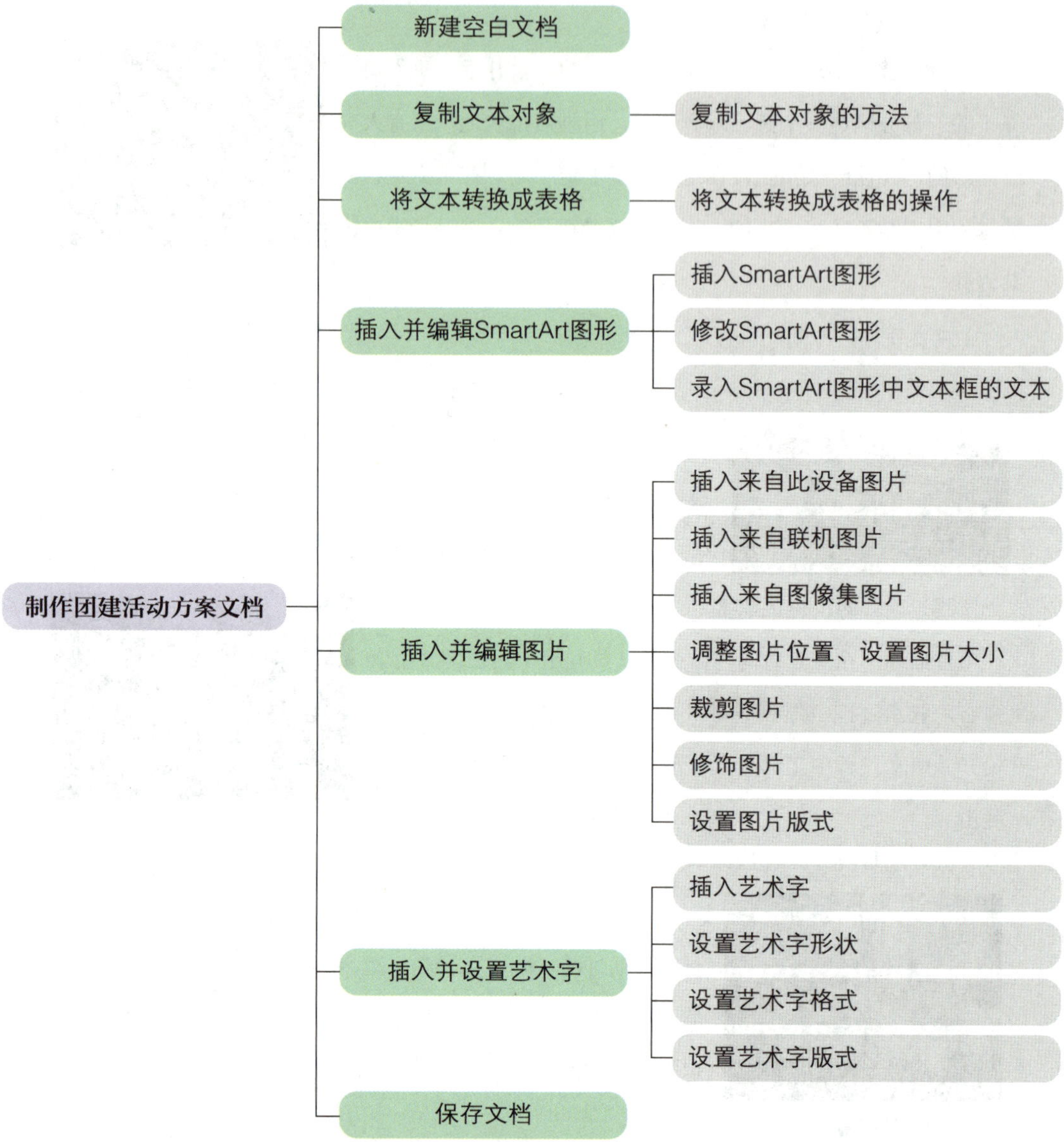

- 制作团建活动方案文档
  - 新建空白文档
  - 复制文本对象
    - 复制文本对象的方法
  - 将文本转换成表格
    - 将文本转换成表格的操作
  - 插入并编辑SmartArt图形
    - 插入SmartArt图形
    - 修改SmartArt图形
    - 录入SmartArt图形中文本框的文本
  - 插入并编辑图片
    - 插入来自此设备图片
    - 插入来自联机图片
    - 插入来自图像集图片
    - 调整图片位置、设置图片大小
    - 裁剪图片
    - 修饰图片
    - 设置图片版式
  - 插入并设置艺术字
    - 插入艺术字
    - 设置艺术字形状
    - 设置艺术字格式
    - 设置艺术字版式
  - 保存文档

图 5-3　项目思维导图

为完成本实训项目，需新建空白文档，将素材“公司团建活动方案 .docx”的内容复制到该文档中，设置文档格式，并在文档指定位置插入 SmartArt 图形、图片、艺术字等对象，设置对象的格式。

在完成本实训项目的过程中，应注意将文本转换成表格时文字分隔位置的选择。将某一文档全文复制到另一文档时，采用“插入”选项卡下“文本”组中的“对象”|“文件中的文字”选项会更加快捷。还要注意图形、图片、艺术字等插入对象的位置及环绕方式的设置技巧。

三、实训计划制订

根据实训项目分析，学生自己制订完成本实训项目的实训计划，并填写在表 5-1 中。

表 5-1　实训计划

序号	工作内容	所需时间

四、操作步骤提示

本实训项目的操作步骤提示见表 5-2。

表 5-2　操作步骤提示

序号	操作步骤	内容
1	创建文档	启动 Word 2021，创建空白文档
2	复制文本	复制素材“团建活动方案 .docx”中的文本： 方法 1：单击“插入”选项卡下“文本”组中的“对象”按钮，在弹出的快捷菜单中选择“文件中的文字”选项，在打开的对话框中选择素材“团建活动方案 .docx”，单击“插入”按钮 方法 2：打开素材“团建活动方案 .docx”，选中全文，按 Ctrl+C 快捷键，再将插入点移至刚创建的文档，按 Ctrl+V 快捷键粘贴 方法 3：打开素材“团建活动方案 .docx”，选中全文，单击“开始”选项卡下“剪贴板”组中的“复制”按钮，再将插入点移至刚创建的文档，单击“开始”选项卡下“剪贴板”组中的“粘贴”按钮粘贴
3	将文本转换成表格	选中文档中“四、活动安排”下的段落（第 11～19 行），单击“插入”选项卡下“表格”组中的“表格”按钮，在弹出的下拉菜单中选择“文本转换成表格”选项，打开“将文字转换成表格”对话框，在“文字分隔位置”中选择“空格”单选框
4	设置文档格式	设置标题格式为“华文中宋、小二、加粗、段前间距 6 磅、段后间距 12 磅、居中对齐” 设置“一、活动目的”等一级标题格式为加粗，设置除标题外所有段落首行缩进 2 字符、1.5 倍行距（表格内文本无首行缩进）

续表

序号	操作步骤	内容
4	设置文档格式	设置表格中的单元格对齐方式为水平居中，调整表格至合适大小
5	插入并编辑 SmartArt 图形	将鼠标光标置于指定位置，单击“插入”选项卡下“插图”组中的“SmartArt”按钮，弹出“选择 SmartArt 图形”对话框，在该对话框中选中“层次结构”，并在右边的列表框中选择“组织结构图” 在组织结构图中输入文本，设置文本字号为 11 磅，单击“SmartArt 设计”选项卡下“SmartArt 样式”组中的“细微效果”，修改 SmartArt 图形的样式
6	插入并编辑图片	插入图片：将插入点置于要插入图片的位置，单击“插入”选项卡下“插图”组中的“图片”按钮，在弹出的下拉菜单中选择“此设备”，打开“插入图片”对话框，双击需要插入的素材“动力圈 .jpg” 设置图片的大小：选中图片，单击“图片格式”选项卡下“大小”组右下侧的启动按钮，打开“布局”对话框，取消勾选“锁定纵横比”复选框，在“高度”的“绝对值”微调框中输入 3.2 厘米，在“宽度”的“绝对值”微调框中输入 4.2 厘米 设置版式：选中图片，单击“图片格式”选项卡下“排列”组中的“环绕文字”按钮，在弹出的下拉菜单中选择“四周型” 调整图片位置：拖动图片至合适位置 用同样的方法在指定位置插入素材图片“同心击鼓 .jpg”“雷区取水 .jpg”“穿越丛林 .jpg”，并设置图片大小和版式，调整图片位置
7	插入艺术字	插入艺术字：将插入点置于文档最后，单击“插入”选项卡下“文本”组中的“艺术字”按钮，在弹出的下拉列表中单击所需要的艺术字样式，输入“期待本次活动取得圆满成功！” 设置艺术字样式：选中艺术字，在“形状样式”组中的“快速样式”列表中选择艺术字样式 设置版式：选中艺术字，单击“形状格式”选项卡下“排列”组中的“环绕文字”按钮，在弹出的下拉菜单中选择“上下型环绕”
8	保存文档	将文档保存为“公司团建活动方案 .docx”

五、操作要点记录

在表 5-3 中记录本实训项目的操作要点。

表 5-3　操作要点记录

序号	操作要点	备注

续表

序号	操作要点	备注

六、运行与修改记录

运行并修改文档，排除出现的错误，并在表 5–4 中做好记录。

表 5–4　运行与修改记录

序号	出现错误	错误原因	处理方法

七、实训评价

本实训项目完成后，学生展示文档制作成果，解说在完成项目过程中的心得体会。展示结束后，从职业素养、专业能力、工作成果等方面对该实训项目进行评价，采用自我评价、小组评价、教师评价相结合的多元评价方式，见表 5–5。

表 5–5　实训评价

序号	评价内容	配分 / 分	评价分数		
			自我评价（占比 30%）	小组评价（占比 30%）	教师评价（占比 40%）
1	对实训项目的分析准确到位	10			
2	软件运用熟练，操作得当	10			
3	能熟练设置文档基本格式	10			
4	能熟练插入图片	10			
5	能熟练进行图片的各种处理	10			

续表

序号	评价内容	配分/分	评价分数		
			自我评价（占比 30%）	小组评价（占比 30%）	教师评价（占比 40%）
6	能熟练插入艺术字	10			
7	能熟练设置艺术字格式	10			
8	能熟练插入 SmartArt 图形	10			
9	能熟练设置 SmartArt 图形格式	10			
10	能正确展示及解说项目成果	10			
学生姓名		综合评分			

八、巩固与练习

1. 选择题

（1）下列有关组合的说法中，正确的是（　　）。

A. 若想对组合图形中的某个图形进行修改，需先取消组合

B. 整体移动组合图形时，需先取消组合

C. 组合后的图形对象不能再修改

D. 以上说法都不对

（2）若要用矩形工具画出正方形，应同时按下（　　）键。

A. Ctrl

B. Alt

C. Shift

D. Tab

（3）为保证一幅图片固定位于某一段落的后面，而不会因为前面段落的删除而改变位置，应设置图片为（　　）格式。

A. 紧密型环绕

B. 四周型

C. 嵌入型

D. 穿越型环绕

（4）双击文档中的图片，产生的效果是（　　）。

A. 弹出快捷菜单

B. 进入图片编辑状态，并选中该图片

C. 选中该图片

D. 为该图片添加文本框

（5）使图片按比例缩放应（　　）。

A. 拖动图片中间的控制点

B. 拖动图片四角的控制点

C. 拖动图片的边框线

D. 拖动图片边框线的控制点

（6）在 Word 2021 中，下列关于多个图形对象的说法中，正确的是（　　）。

A. 可组合图形对象，也可取消组合

B. 既不可以组合图形对象，也不可以取消组合

C. 可组合图形对象，但不可以取消组合

D. 以上说法都不对

2. 操作题

（1）使用素材“荷塘月色 .docx”，按下列要求设置和编排文档格式，具体要求如下：

1）在文档左上角以竖排文本框形式插入标题“荷塘月色”，设置标题格式为“小初、华文隶书、红色、加粗”。

2）设置文本框填充颜色为“无”、线条颜色为“无”。

3）在文档右侧位置插入素材“荷塘月色 .jpg”，移动图片至合适位置，调整图片大小，设置图片环绕方式为“四周型”、环绕文字“只在左侧”。

4）在文档第五段中间插入来自“图像集”的图片“花”，调整图片大小，修改图片样式为“圆形对角，白色”，设置图片环绕方式为“四周型”。

操作完成后保存该文档。荷塘月色最终效果如图 5–4 所示。

（2）在 Word 2021 中创建一个空白文档，插入图 5–5 所示数学公式。

（3）在 Word 2021 中创建一个空白文档，并在文档中插入图 5–6 所示的组织结构图。

荷塘月色

这几天心里颇不宁静。今晚在院子里坐着乘凉，忽然想起日日走过的荷塘，在这满月的光里，总该另有一番样子吧。月亮渐渐地升高了，墙外马路上孩子们的欢笑，已经听不见了；妻在屋里拍着闰儿，迷迷糊糊地哼着眠歌。我悄悄地披了大衫，带上门出去。

沿着荷塘，是一条曲折的小煤屑路。这是一条幽僻的路；白天也少人走，夜晚更加寂寞。荷塘四面，长着许多树，蓊蓊郁郁的。路的一旁，是些杨柳，和一些不知道名字的树。没有月光的晚上，这路上阴森森的，有些怕人。今晚却很好，虽然月光也还是淡淡的。

路上只我一个人，背着手踱着。这一片天地好像是我的；我也像超出了平常的自己，到了另一个世界里。我爱热闹，也爱冷静；爱群居，也爱独处。像今晚上，一个人在这苍茫的月下，什么都可以想，什么都可以不想，便觉是个自由的人。白天里一定要做的事，一定要说的话，现在都可不理。这是独处的妙处，我且受用这无边的荷香月色好了。

曲曲折折的荷塘上面，弥望的是田田的叶子。叶子出水很高，像亭亭的舞女的裙。层层的叶子中间，零星地点缀着些白花，有袅娜地开着的，有羞涩地打着朵儿的；正如一粒粒的明珠，又如碧天里的星星，又如刚出浴的美人。微风过处，送来缕缕清香，仿佛远处高楼上渺茫的歌声似的。这时候叶子与花也有一丝的颤动，像闪电般，霎时传过荷塘的那边去了。叶子本是肩并肩密密地挨着，这便宛然有了一道凝碧的波痕。叶子底下是脉脉的流水，遮住了，不能见一些颜色；而叶子却更见风致了。

月光如流水一般，静静地泻在这一片叶子和花上。薄薄的青雾浮起在荷塘里。叶子和花仿佛在牛乳中洗过一样；又像笼着轻纱的梦。虽然是满月，天上却有一层淡淡的云，所以不能朗照；但我以为这恰是到了好处——酣眠固不可少，小睡也别有风味的。月光是隔了树照过来的，高处丛生的灌木，落下参差的斑驳的黑影，峭楞楞如鬼一般；弯弯的杨柳的稀疏的倩影，却又像是画在荷叶上。塘中的月色并不均匀；但光与影有着和谐的旋律，如梵婀玲上奏着的名曲。

荷塘的四面，远远近近，高高低低都是树，而杨柳最多。这些树将一片荷塘重重围住；只在小路一旁，漏着几段空隙，像是特为月光留下的。树色一例是阴阴的，乍看像一团烟雾；但杨柳的丰姿，便在烟雾里也辨得出。树梢上隐隐约约的是一带远山，只有些大意罢了。树缝里也漏着一两点路灯光，没精打采的，是渴睡人的眼。这时候最热闹的，要数树上的蝉声与水里的蛙声；但热闹是它们的，我什么也没有。

图 5-4　荷塘月色最终效果

$$\int_{2}^{5}\left(x^{2}+2\right)\mathrm{d}x=?$$

$$\mu_{\mathrm{x}}=\sqrt{\frac{\sigma^{2}}{r}\left(\frac{R-r}{R-1}\right)}$$

图 5-5　插入数学公式

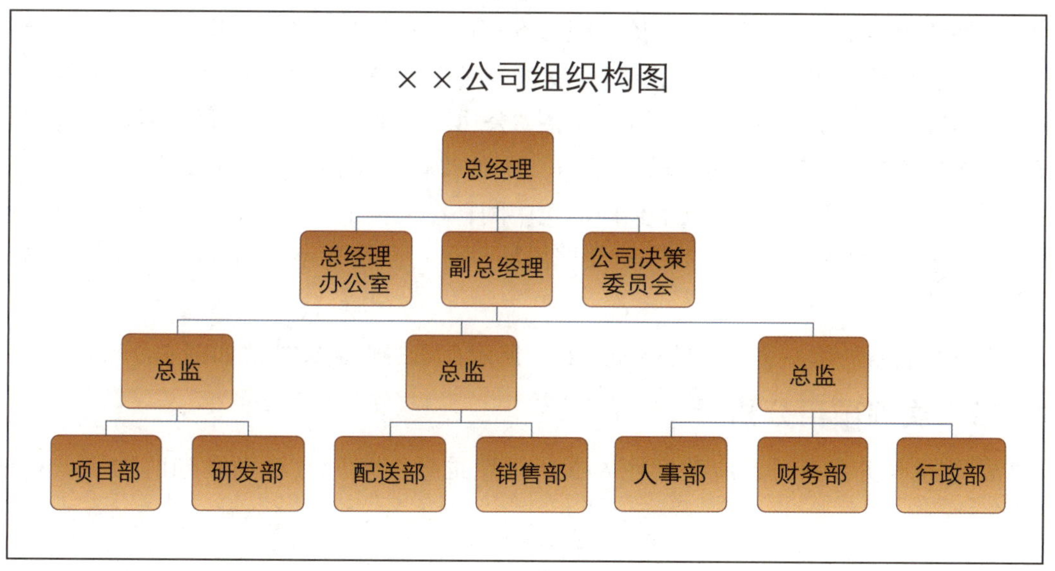

图 5-6　组织结构图

实训项目六
排版和打印公司章程文档

一、实训项目介绍

某公司行政部小王需将新修订的公司章程排版并打印，下发到公司各部门，以便全体员工遵照执行。

具体要求如下：打开素材“公司章程（修订）.docx”，设置除各级标题之外的所有文本格式为“宋体、五号、1.5 倍行距”；设置一级标题格式为“黑体、四号、加粗、居中对齐、段前和段后间距各 12 磅”；设置二级标题格式为“宋体、小四、加粗、段前和段后间距各 6 磅”；在文档中插入页眉“公司章程（修订）”，设置页眉格式为“小五、居中对齐”；将文档标题“公司章程”单独放置于文档的第一页，设置标题格式为“黑体、初号、加粗”，且位于页面的正中间；在文档中插入页码，设置首页不显示页码，页码编号 1 从第 2 页开始；给文档添加“× × 公司”字样的水印；保存文档后，打印该文档。

文档排版后的第一页最终效果如图 6–1 所示，第二页最终效果如图 6–2 所示。

二、实训项目分析

要完成本实训项目，应按照图 6–3 所示思维导图复习教材中学到的知识点和技能点。

图 6-1　公司章程第一页最终效果

公司章程（修订）

第一章　总则

第一条 为维护公司、股东和债权人的合法权益，规范公司的组织和行为，根据《中华人民共和国公司法》(以下简称《公司法》)和其他有关规定，制定本章程。

第二条 本公司章程自生效之日起，即成为规范公司的组织与行为、公司与股东、股东与股东之间权利义务关系的、具有法律约束力的文件。股东可以依据公司章程起诉公司；公司可以依据公司章程起诉股东、董事、监事、经理和其他高级管理人员；股东可以依据公司章程起诉股东；股东可以依据公司章程起诉公司的董事、监事、经理和其他高级管理人员。本章程所称其他高级管理人员是指公司的董事会秘书、财务负责人。

第三条 公司可以根据实际情况，在章程中确定属于公司高级管理人员的人员。

第二章　公司情况

第一节 公司名称和住所

第四条 公司名称：××××公司（以下简称公司）。

第五条 公司住所：××××。

第六条 公司类型：××××。

第七条 公司系依照《公司法》和其他有关规定成立的有限责任公司。

第八条 登记机构: ××××。

第九条 法定代表人：本公司法定代表人由董事长（也可总经理）担任。

第十条 营业期限：公司经营期限自执照签发之日算起，经营期满前6个月应视情况办理继续经营或解散手续。

第二节 公司注册资本及股本结构

第十一条 注册资本：××××。

第十二条 公司股东以其出资额为限对公司承担责任，公司以其全部资产对公司的债务承担责任。公司共有股东×个，其中自然人×个，企业法人×个，社会团体×个。

第十三条 股本结构：公司股东共×个，各股东出资额和出资方式为：

1

图 6-2　公司章程第二页最终效果

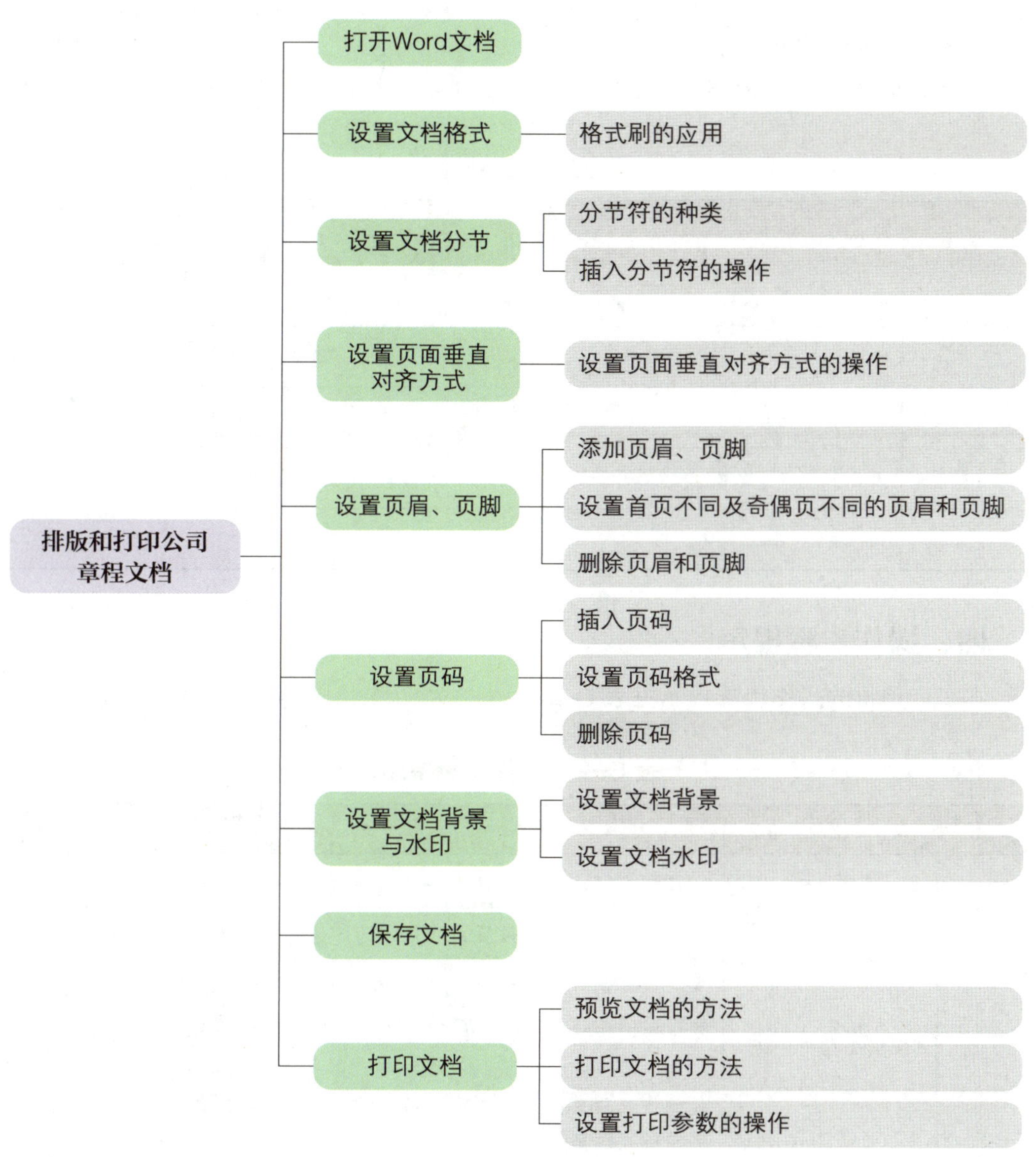

图 6-3　项目思维导图

为完成本实训项目，需打开素材“公司章程（修订）.docx”，设置文档字体格式和段落格式，在指定位置插入分节符；添加页眉，插入页码，为文档添加水印，最后打印文档。

在完成本实训项目的过程中，应注意设置格式时可应用格式刷，并合理使用分节符。若要设置文档首页不显示页码，需先设置“首页不同”的页眉和页脚，再插入页码。

三、实训计划制订

根据实训项目分析，学生自己制订完成本实训项目的实训计划，并填写在表 6–1 中。

表 6–1　实训计划

序号	工作内容	所需时间

四、操作步骤提示

本实训项目的操作步骤提示见表 6–2。

表 6–2　操作步骤提示

序号	操作步骤	内容
1	打开文档	打开素材“公司章程（修订）.docx”
2	设置文档格式	选中整个文档，设置文档格式为“宋体、五号、1.5 倍行距”
3	设置文档中一级标题的格式	选中“第一章 总则”，修改其格式为“黑体、四号、加粗、段前和段后间距各 12 磅、居中对齐、大纲级别为 1 级” 选中已设置好格式的一级标题“第一章 总则”所在段落，使用格式刷将此段落格式复制到“第二章……”“第三章……”等一级标题文字所在段落中
4	设置文档中二级标题的格式	选中“第一节 公司名称和住所”，修改其格式为“宋体、小四、加粗、段前和段后间距各 6 磅、大纲级别为 2 级”，使用格式刷将此段落格式复制到“第二节……”“第三节……”等二级标题文字所在段落中
5	插入分节符	设置标题“公司章程”单独置于文档第一页 将鼠标光标置于第一行末尾，单击“布局”选项卡下“页面设置”组中的“分隔符”按钮，在打开的下拉菜单中选择“分节符”中的“下一页”选项

续表

序号	操作步骤	内容
6	设置文档标题格式	设置文档标题“公司章程”的格式为“黑体、初号、加粗、居中对齐” 设置文档标题“公司章程”所在页的垂直对齐方式：将插入点置于标题文字所在页，单击“布局”选项卡下“页面设置”组右下侧的启动按钮，打开“页面设置”对话框，在对话框中切换到“布局”选项卡，在页面“垂直水平方式”下拉列表中选择“居中”，在“应用于”下拉列表中选择“所选节”
7	插入页眉	单击“插入”选项卡下“页眉和页脚”组中的“页眉”按钮，使用以下方法插入页眉： 方法1：在打开的下拉菜单中选择“空白”，在“在此处键入”位置输入页眉内容“公司章程（修订）”，设置字号为小五，单击“关闭”组中的“关闭页眉和页脚”按钮 方法2：在打开的下拉菜单中选择“编辑页眉”，进入页眉编辑区，输入页眉内容，设置页眉格式，单击“关闭”组中的“关闭页眉和页脚”按钮
8	插入页码	设置首页不同页眉 / 页脚：单击“布局”选项卡下“页面设置”组右下侧的启动按钮，打开“页面设置”对话框，在对话框中切换到“布局”选项卡下，勾选“首页不同”复选框，在“应用于”下拉列表中选择“整篇文档” 设置页码格式：单击“插入”选项卡下“页眉和页脚”组中的“页码”按钮，在打开的下拉菜单中选择“设置页码格式”，打开“页码格式”对话框，在“页码编号”下的“起始页码”微调框中输入数字“1”，单击“确定”按钮 将插入点置于文档的第二页，单击“插入”选项卡下“页眉和页脚”组中的“页码”按钮，在打开的下拉菜单中选择“页面底端”|“普通数字 2”选项，在文档中插入页码 单击“页眉和页脚”选项卡下“导航”组中的“链接到前一节”按钮，取消与上一节相同的页眉 / 页脚，再单击“上一条”按钮，将鼠标光标移至首页页码位置，删除首页页码，单击“关闭”组中的“关闭页眉和页脚”按钮
9	添加水印	在“设计”选项卡下“页面背景”组中单击“水印”按钮，在弹出的下拉菜单中选择“自定义水印”选项，弹出“水印”对话框，选中“文字水印”单选框，在“文字”中输入“××公司”，在“版式”中选中“斜式”，单击“确定”按钮
10	保存文档	保存排版好的文档

续表

序号	操作步骤	内容
11	打印文档	预览文档的打印效果：方法1——打开要预览的文档，单击“文件”菜单，选择“打印”选项，在窗口的右侧即可看到文档的打印效果；方法2——单击快速访问工具栏上的“打印预览和打印”按钮，可以快速打开打印预览窗口 打印文档：方法1——单击“文件”菜单，选择“打印”选项，在窗口左侧设置双面打印所有页面；方法2——单击快速访问工具栏上的“快速打印”按钮；方法3——在没有打开文档的情况下在文档上单击鼠标右键，在弹出的快捷菜单中选择“打印”选项

五、操作要点记录

在表6–3中记录本实训项目的操作要点。

表6–3 操作要点记录

序号	操作要点	备注

六、运行与修改记录

运行并修改文档，排除出现的错误，并在表6–4中做好记录。

表6–4 运行与修改记录

序号	出现错误	错误原因	处理方法

七、实训评价

本实训项目完成后，学生展示排版和打印成果，解说在完成项目过程中的心得体会。展示结束后，从职业素养、专业能力、工作成果等方面对该实训项目进行评价，采用自我评价、小组评价、教师评价相结合的多元评价方式，见表 6–5。

表 6–5　实训评价

序号	评价内容	配分 / 分	评价分数		
			自我评价（占比 30%）	小组评价（占比 30%）	教师评价（占比 40%）
1	对实训项目的分析准确到位	10			
2	能熟练设置文档格式	5			
3	能熟练应用分节符	10			
4	能熟练设置页面的垂直对齐方式	5			
5	能熟练添加页眉和页脚	10			
6	能熟练设置首页不同页码	10			
7	能熟练插入页码	5			
8	能熟练设置页码格式	5			
9	能熟练添加文档水印	10			
10	掌握文档打印预览功能	10			
11	能熟练设置文档打印参数	10			
12	能正确展示及解说项目成果	10			
学生姓名		综合评分			

八、巩固与练习

1. 选择题

（1）在 Word 2021 中，与打印预览基本相同的视图方式是（　　）。

A. 草稿视图　　B. 页面视图

C. 大纲视图　　D. 阅读视图

（2）在 Word 2021 文档中，对于页眉和页脚上的文字，（　　）。

A. 不可以设置其字体、字号、颜色等

B. 可以对其字体、字号、颜色等进行设置

C. 仅可以设置字体，不能设置字号和颜色

D. 不能设置段落格式，如行距、段落对齐方式等

（3）在 Word 2021 中进行页面设置时，可以双击（　　）打开“页面设置”对话框。

A. 工具栏　　B.“格式”工具栏

C. 标尺上的刻度部位　　D. 常用工具

（4）在 Word 2021 中，打印页码“2–4，8，11”表示打印的是（　　）。

A. 第 2、4、8、11 页　　B. 第 2～4 页、第 8～11 页

C. 第 2～4 页、第 8 页、第 11 页　　D. 第 2～8 页、第 11 页

（5）在 Word 2021 中，能显示页眉和页脚的视图方式是（　　）视图。

A. 草稿　　B. 页面　　C. 大纲　　D. Web 版式

（6）在 Word 2021 中，下列关于分栏的说法中正确的是（　　）。

A. 可以将指定的段落分成指定宽度的两栏

B. 在任何视图下均可看到分栏效果

C. 设置的各栏宽度和间距与页面宽度无关

D. 栏与栏之间不可以设置分隔线

（7）下列关于单击快速访问工具栏上的“打印”按钮的说法中，正确的是（　　）。

A. 能选择不同的打印机型号　　B. 能设置不同的打印范围

C. 能设置打印份数　　D. 文档当即发送到打印机

（8）在打印预览时若发现文档的最后一页上只有一行文本，如果想将这一行文本上移到上一页，最合适的方法是（　　）。

A. 改变纸张大小　　B. 增大页边距

C. 减小页边距　　D. 将纸张方向改成横向

（9）在 Word 2021 中若某文档已编排完成，想查看打印效果，可使用（　　）功能。

A. 打印预览　　B. 模拟打印　　C. 提前打印　　D. 屏幕打印

（10）单击（　　）可以将文档的一页分为两页。

A.“格式”选项卡下的“字体”按钮

B.“插入”选项卡下的“页码”按钮

C.“插入”选项卡下的“分隔符”按钮

D.“布局”选项卡下的“分隔符”按钮

2. 操作题

（1）打开素材“古诗欣赏 .docx”，完成文档编排，具体要求如下：

1）设置页面：设置纸张大小为 16 开、上下页边距为 2 厘米、左右页边距为 2.2 厘米。

2）添加页眉：插入页眉“古诗及散文”，右对齐。

3）设置字体格式：设置第一行“刘禹锡”为“华文新魏、小四”；设置第二行“陋室铭”、第六行“竹枝词”、第九行“乌衣巷”为“宋体、四号”；设置“陋室铭”中的诗文为“宋体、五号”；设置“竹枝词”中的诗句为“华文楷体、四号”；设置“乌衣巷”中的诗句为“隶书、四号”。

4）设置段落格式：设置第一行“刘禹锡”右对齐；设置第二行“陋室铭”、第六行“竹枝词”和第九行“乌衣巷”居中对齐、段前和段后间距各 1 行；设置“陋室铭”中的诗文首行缩进 2 字符；设置“竹枝词”中的诗句首行缩进 2 字符、左缩进 6 字符、右缩进 4 字符；设置“乌衣巷”中的诗句左缩进 6 字符。

5）设置分栏：给文档“陋室铭”中的诗文设置分栏，加分隔线。

6）添加项目符号：给文档“乌衣巷”中的诗句添加项目符号。

7）添加边框与底纹：给“竹枝词”中的诗句添加边框与底纹，底纹图案样式为深色网格，颜色为“蓝色，个性色 1，淡色 60%”，边框为虚线。

操作完成后保存文档，文档最终效果如图 6–4 所示。

（2）打开素材“背影 .docx”，完成文档编排，具体要求如下：

1）设置页眉和页脚：在文档中插入页眉“散文欣赏”，在页脚的中间位置插入页码。

2）插入艺术字：设置标题为艺术字、艺术字样式为“渐变填充：紫色，主题色 4；边框：紫色，主题色 4”；艺术字文本效果为“发光：5 磅，橙色，主题 6”；环绕方式为嵌入型、居中对齐。

3）设置字体格式：设置文档第一段为“小四、楷体”；为第二段最后一句“事已如此，不必难过，好在天无绝人之路!”添加颜色“橙色，个性色 6，深色 25%”的波浪线下画线；设置文档第三段为“隶书、小四”；设置文档其他段落为“宋体、五号”。

4）设置段落格式：设置第一段行距为固定值 20 磅、第三段行距为单倍行距、其他各段为 1.5 倍行距；设置第三段段前和段后间距各 0.5 行。

5）添加段落边框：给第二段文字添加边框。

6）设置分栏及首字下沉：给第四段文字添加首字下沉；将第五段文字和第六段文字分成两栏，中间加分隔线。

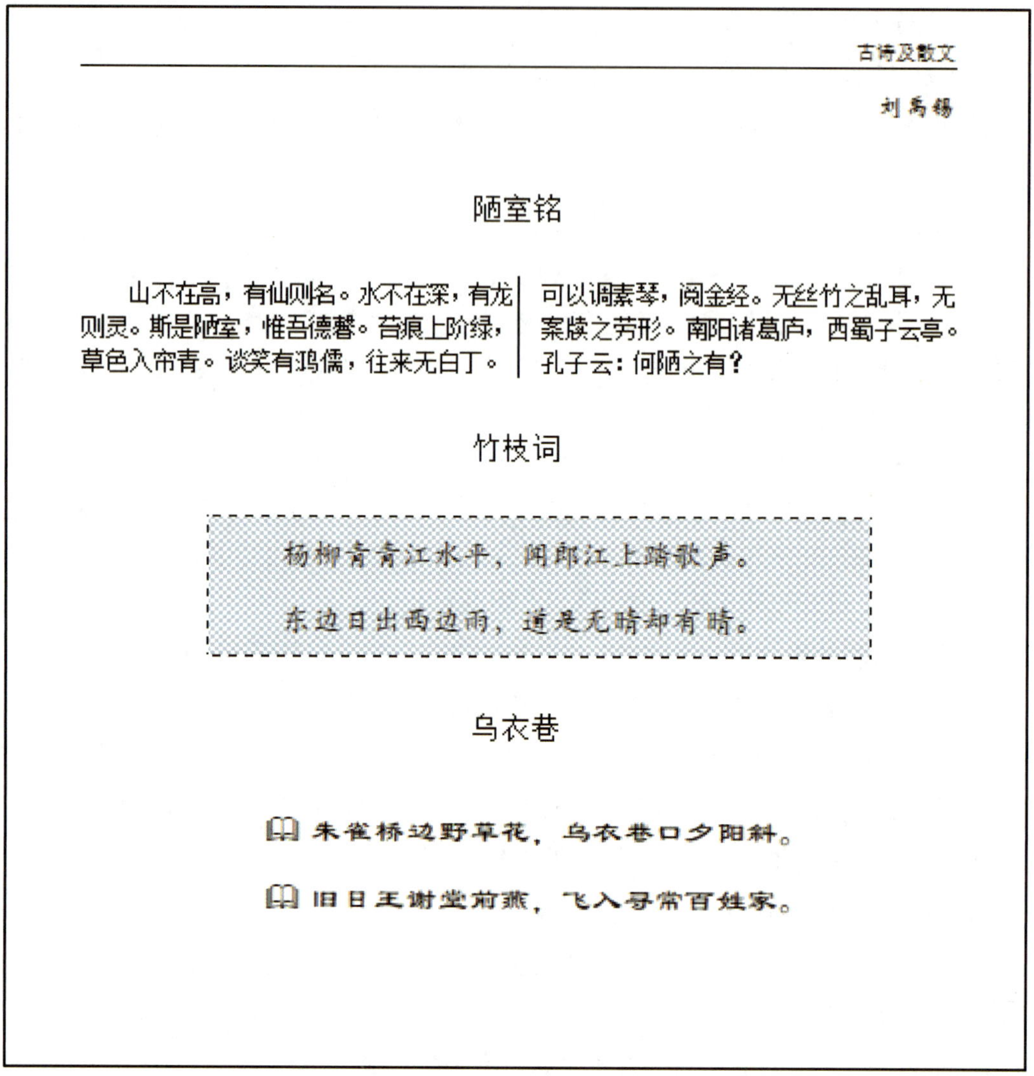

古诗及散文

刘禹锡

陋室铭

山不在高，有仙则名。水不在深，有龙则灵。斯是陋室，惟吾德馨。苔痕上阶绿，草色入帘青。谈笑有鸿儒，往来无白丁。可以调素琴，阅金经。无丝竹之乱耳，无案牍之劳形。南阳诸葛庐，西蜀子云亭。孔子云：何陋之有？

竹枝词

杨柳青青江水平，闻郎江上踏歌声。

东边日出西边雨，道是无晴却有晴。

乌衣巷

🕮 朱雀桥边野草花，乌衣巷口夕阳斜。

🕮 旧日王谢堂前燕，飞入寻常百姓家。

图 6-4　古诗欣赏文档最终效果

7）插入图片：在文档第一页右下角位置插入图片“朱自清散文 .jpg”，设置图片高度为 4.23 厘米、宽度为 3.27 厘米、环绕方式为四周型、环绕文字只在左侧。

8）添加段落底纹：给最后一段添加底纹，设置底纹图案样式为“10%”、图案颜色为“水绿色，个性色 5，淡色 40%”。

9）设置文档水印：给文档添加文字水印，文字内容为“背影—朱自清”，斜式。

操作完成后保存文档，文档最终效果如图 6-5 和图 6-6 所示。

散文欣赏

背影

我与父亲不相见已二年余了，我最不能忘记的是他的背影。

那年冬天，祖母死了，父亲的差使也交卸了，正是祸不单行的日子。我从北京到徐州，打算跟着父亲奔丧回家。到徐州见着父亲，看见满院狼藉的东西，又想起祖母，不禁簌簌地流下眼泪。父亲说："事已如此，不必难过，好在天无绝人之路！"

回家变卖典质，父亲还了亏空；又借钱办了丧事。这些日子，家中光景很是惨淡，一半为了丧事，一半为了父亲赋闲。丧事完毕，父亲要到南京谋事，我也要回北京念书，我们便同行。

到南京时，有朋友约去游逛，勾留了一日；第二日上午便须渡江到浦口，下午上车北去。父亲因为事忙，本已说定不送我，叫旅馆里一个熟识的茶房陪我同去。他再三嘱咐茶房，甚是仔细。但他终于不放心，怕茶房不妥帖；颇踌躇了一会。其实我那年已二十岁，北京已来往过两三次，是没有什么要紧的了。他踌躇了一会，终于决定还是自己送我去。我再三劝他不必去；他只说："不要紧，他们去不好！"

我们过了江，进了车站。我买票，他忙着照看行李。行李太多，得向脚夫行些小费才可过去。他便又忙着和他们讲价钱。我那时真是聪明过分，总觉他说话不大漂亮，非自己插嘴不可，但他终于讲定了价钱；就送我上车。他给我拣定了靠车门的一张椅子；我将他给我做的紫毛大衣铺好座位。他嘱我路上小心，夜里要警醒些，不要受凉。又嘱托茶房好好照应我。我心里暗笑他的迂；他们只认得钱，托他们只是白托！而且我这样大年纪的人，难道还不能料理自己么？我现在想想，我那时真是太聪明了。

我说道："爸爸，你走吧。"他往车外看了看，说："我买几个橘子去。你就在此地，不要走动。"我看那边月台的栅栏外有几个卖东西的等着顾客。走到那边月台，须穿过铁道，须跳下去又爬上去。父亲是一个胖子，走过去自然要费事些。我本来要去的，他不肯，只好让他去。我看见他戴着黑布小帽，穿着黑布大马褂，深青布棉袍，蹒跚地走到铁道边，慢慢探身下去，尚不大难。可是他穿过铁道，要爬上那边月台，就不容易了。他用两手攀着上面，两脚再向上缩；他肥胖的身子向左微倾，显出努力的样子。这时我看见他的背影，我的泪很快地流下来了。我赶紧拭干了泪。怕他看见，也怕别人看见。我再向外看时，他已抱了朱红的橘

1

图 6-5　背影文档第一页最终效果

子往回走了。过铁道时，他先将橘子散放在地上，自己慢慢爬下，再抱起橘子走。到这边时，我赶紧去搀他。他和我走到车上，将橘子一股脑儿放在我的皮大衣上。于是扑扑衣上的泥土，心里很轻松似的。过一会儿说：

"我走了，到那边来信！"我望着他走出去。他走了几步，回过头看见我，说："进去吧，里边没人。"等他的背影混入来来往往的人里，再找不着了，我便进来坐下，我的眼泪又来了。

近几年来，父亲和我都是东奔西走，家中光景是一日不如一日。他少年出外谋生，独力支持，做了许多大事。哪知老境却如此颓唐！他触目伤怀，自然情不能自已。情郁于中，自然要发之于外；家庭琐屑便往往触他之怒。他待我渐渐不同往日。但最近两年不见，他终于忘却我的不好，只是惦记着我，惦记着我的儿子。我北来后，他写了一信给我，信中说道："我身体平安，惟膀子疼痛厉害，举箸提笔，诸多不便，大约大去之期不远矣。"我读到此处，在晶莹的泪光中，又看见那肥胖的、青布棉袍黑布马褂的背影。唉！我不知何时再能与他相见！

图 6-6　背影文档第二页最终效果

实训项目七
创建公司章程文档目录

一、实训项目介绍

某公司章程内容较多，其文档有二十多页。为便于全体员工查看其内容，行政部小王需为该公司章程创建文档目录。

具体要求如下：打开素材“公司章程 .docx”，在第一行文字“公司章程”之后插入“下一页”分节符，设置“公司章程”为“黑体、初号”、页面垂直对齐方式为居中。在大纲视图下设置文档中各级标题，并修改标题格式，设置一级标题格式为“四号、加粗、段前和段后间距各 12 磅、居中对齐”；设置二级标题格式为“小四、加粗、段前和段后间距各 6 磅”。在文档的第二页插入一个空白页，创建文档目录，设置标题“目录”格式为“四号、加粗”，设置目录中文字格式为“宋体、五号、行距为固定值 18 磅”。公司章程最终效果如图 7–1 和图 7–2 所示。

二、实训项目分析

要完成本实训项目，应按照图 7–3 所示思维导图复习教材中学到的知识点和技能点。

公司章程

图 7-1　公司章程第一页最终效果

目录

图 7-2　公司章程第二页最终效果

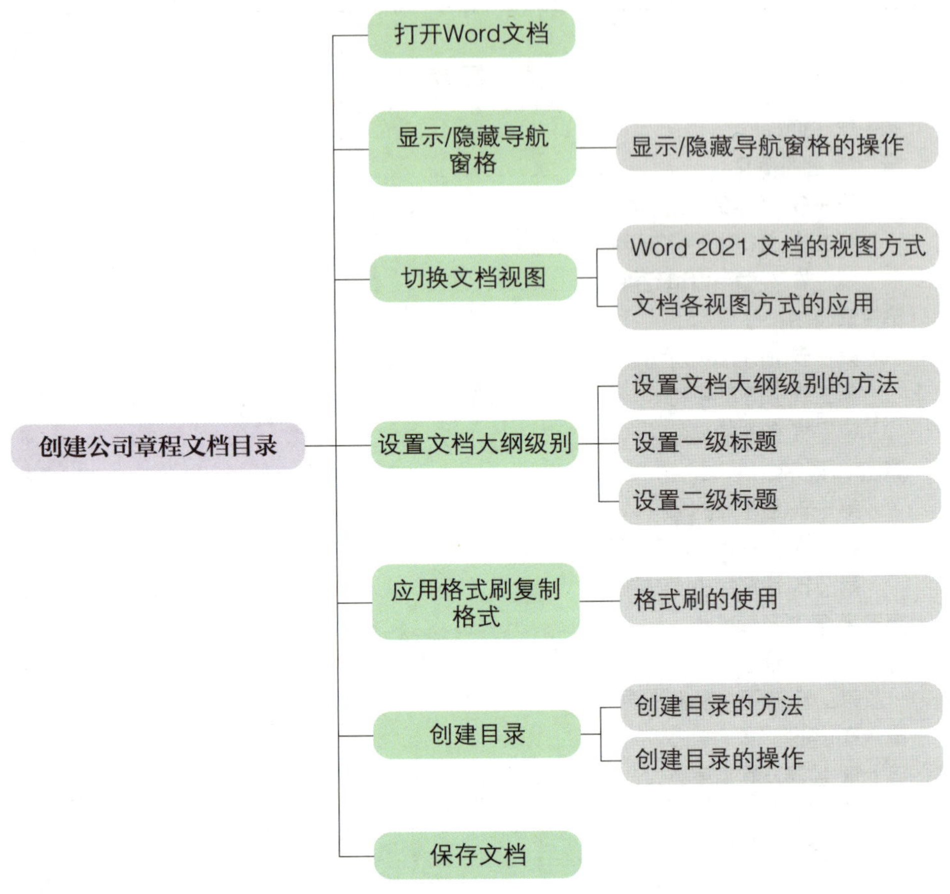

图 7-3　项目思维导图

为完成本实训项目，需打开素材“公司章程 .docx”，在文档标题“公司章程”之后插入分节符，设置文档标题所在节的页面垂直对齐方式为居中；切换到大纲视图下设置文档的一级标题和二级标题，之后打开导航窗格，查看文档结构，再插入文档目录，并保存文档至合适的位置。

在完成本实训项目的过程中，应注意必须先设置文档的大纲级别，建立文档整体结构层次后，再创建目录。在使用“开始”选项卡下“样式”组中的按钮设置文档大纲级别时，当内置样式部分格式无法满足需求时，可进行样式的修改。

三、实训计划制订

根据实训项目分析，学生自己制订完成本实训项目的实训计划，并填写在表 7-1 中。

表 7-1　实训计划

序号	工作内容	所需时间

四、操作步骤提示

本实训项目的操作步骤提示见表 7-2。

表 7-2　操作步骤提示

序号	操作步骤	内容
1	打开文档	打开素材“公司章程 .docx”
2	显示导航窗格	勾选“视图”选项卡下“显示”组中的“导航窗格”前面的复选框，在 Word 2021 操作界面左侧打开导航窗格，显示整个文档的结构
3	插入分节符	将鼠标光标置于第一行文本“公司章程”末尾，单击“布局”选项卡下的“分隔符”按钮，在打开的下拉菜单中选择“分节符”中的“下一页”选项
4	设置文档第一页格式	设置“公司章程”的格式为“黑体、初号、居中对齐” 设置文档第一页的垂直对齐方式为“居中”：选中文本“公司章程”，单击“布局”选项卡下“页面设置”组中右下侧的启动按钮，打开“页面设置”对话框，在对话框中切换到“布局”选项卡，在“垂直水平方式”下拉列表中选择“居中”，在“应用于”下拉列表中选择“所选节”
5	设置文档大纲	（1）设置一级标题 选中文本“第一章 总则”所在段落，使用以下方法设置文本为一级标题： 方法 1：使用大纲视图设置文档大纲级别。单击“视图”选项卡下“视图”组中的“大纲”按钮，将文档以大纲视图显示，选中文本“第一章 总则”所在段落，单击“大纲显示”选项卡下“大纲工具”组中的“大纲级别”下拉列表，选择“1 级” 方法 2：使用“开始”选项卡下“样式”组快速设置文档大纲级别。选中文本“第一章 总则”所在段落，单击“开始”选项卡下“样式”组中的“标题 1”，将其设置为“标题 1” 方法 3：使用“段落”对话框设置文档大纲级别。选中文本“第一章 总

续表

序号	操作步骤	内容
5	设置文档大纲	则”所在段落，单击“开始”选项卡下“段落”组中右下侧的启动按钮，打开“段落”对话框，在“大纲级别”右侧的下拉列表中选择“1 级” （2）设置二级标题 选中文本“第一节 公司名称和住所”所在段落，使用与上面类似的方法将该段落设置为二级标题
6	修改各级标题格式	选中“第一章 总则”，设置其格式为“四号、加粗、段前和段后间距各 12 磅、居中对齐” 选中已设置好格式的一级标题“第一章 总则”所在行，使用格式刷将此段落格式复制到每一个需要设置为一级标题的“第 ×× 章……”文字所在段落中 选中二级标题“第一节 公司名称和住所”，设置其格式为“小四、加粗、段前和段后间距各 6 磅” 选中已设置好格式的二级标题“第一节 公司名称和住所”所在行，使用格式刷将此段落格式复制到每一个需要设置为二级标题的“第 ×× 节……”文字所在段落中
7	创建目录	将插入点置于文档第二页（插入一个空白页），输入文本“目录”，设置其格式为“四号、加粗”，单击“引用”选项卡下“目录”组中的“目录”按钮，在弹出的下拉菜单中选择“自定义目录”选项，弹出“目录”对话框，在“目录”对话框的“打印预览”选项组中选中“显示页码”及“页码右对齐”复选框，单击“确定”按钮，创建目录，设置目录格式为“宋体、五号”、行距为固定值 18 磅
8	保存文档	保存制作好的文档

五、操作要点记录

在表 7–3 中记录本实训项目的操作要点。

表 7–3　操作要点记录

序号	操作要点	备注

六、运行与修改记录

运行并修改文档，排除出现的错误，并在表 7–4 中做好记录。

表 7–4　运行与修改记录

序号	出现错误	错误原因	处理方法

七、实训评价

本实训项目完成后，学生展示文档目录创建成果，解说在完成项目过程中的心得体会。展示结束后，从职业素养、专业能力、工作成果等方面对该实训项目进行评价，采用自我评价、小组评价、教师评价相结合的多元评价方式，见表 7–5。

表 7–5　实训评价

序号	评价内容	配分 / 分	评价分数		
			自我评价（占比 30%）	小组评价（占比 30%）	教师评价（占比 40%）
1	对实训项目的分析准确到位	10			
2	能熟练设置文档格式	10			
3	能熟练应用分节符	10			
4	能熟练使用不同的方法设置文档大纲级别	30			
5	能熟练显示文档的整体结构层次	10			
6	能熟练使用样式	5			
7	能熟练修改样式	5			
8	能熟练创建文档目录	10			
9	能正确展示及解说项目成果	10			
学生姓名		综合评分			

八、巩固与练习

1. 选择题

（1）在 Word 2021 中，“样式”组在（　　）选项卡下。

A. “开始”　　B. “插入”　　C. “布局”　　D. “引用”

（2）便于组织和维护长文档的视图是（　　）。

A. Web 版式视图　　B. 大纲视图

C. 页面视图　　D. 阅读视图

（3）应在（　　）选项卡中为文档添加目录。

A. “开始”　　B. “插入”

C. “布局”　　D. “引用”

（4）下列关于大纲级别和内置样式的说法中，正确的是（　　）。

A. 如果文字套用内置样式“正文”，则一定在大纲视图中显示为“正文文本”

B. 如果文字在大纲视图中显示为“正文文本”，则一定对应样式为“正文”

C. 如果文字的大纲级别为 1 级，则被套用样式“标题 1”

D. 以上说法都不对

（5）在 Word 2021 中，可以通过（　　）选项卡的功能区对所选内容添加批注。

A. “插入”　　B. “布局”　　C. “引用”　　D. “审阅”

2. 操作题

（1）打开素材“职业教育法 .docx”，插入文档目录，具体要求如下：

1）在文档的起始位置插入一张空白页，在第一行中输入文本“目录”，设置其格式为“黑体、三号、加粗、居中对齐”。

2）在空白页的第二行插入文档目录，设置其字体格式为“五号、1.5 倍行距”。

操作完成后保存文档，最终效果如图 7–4 所示。

（2）打开素材“一剪梅・舟过吴江 .docx”，修订与批注文档，具体要求如下：

1）修改标题格式为“黑体、二号”，标识修改过的所有操作。

2）为该词的第一句“一片春愁待酒浇”添加批注“首句‘一片春愁待酒浇’，揭示了‘春愁’这个主题，并点出了时序。”。

3）为“何日归家洗客袍？银字笙调，心字香烧”添加批注“这三句为作者想象归家后的温暖生活，表现了他思归的急切心情。”。

操作完成后保存文档，最终效果如图 7–5 所示。

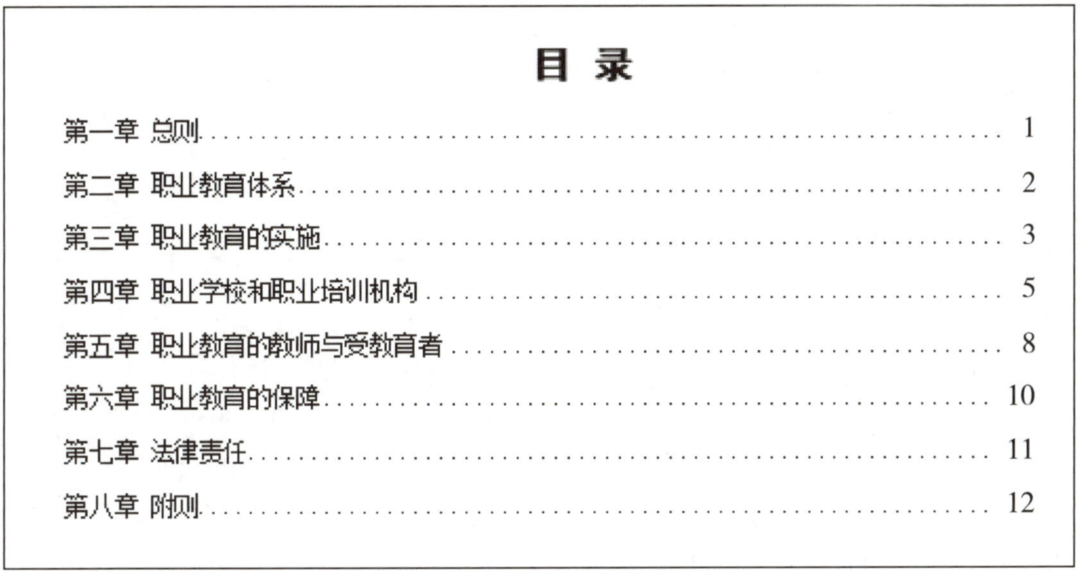

目 录

第一章 总则 …… 1
第二章 职业教育体系 …… 2
第三章 职业教育的实施 …… 3
第四章 职业学校和职业培训机构 …… 5
第五章 职业教育的教师与受教育者 …… 8
第六章 职业教育的保障 …… 10
第七章 法律责任 …… 11
第八章 附则 …… 12

图 7-4　插入目录最终效果

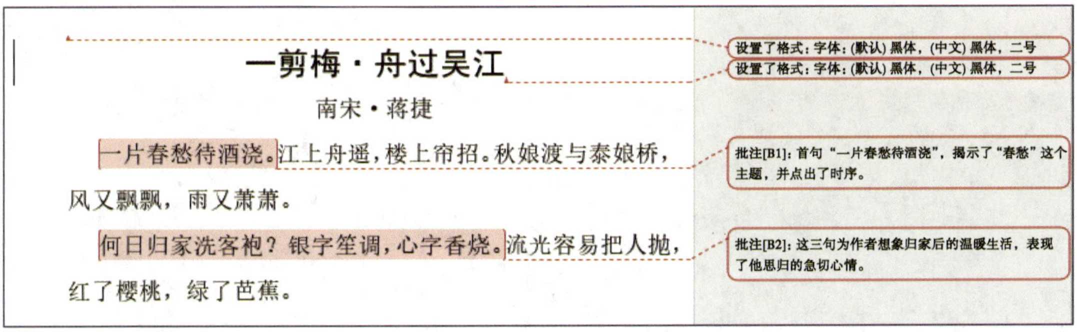

一剪梅 · 舟过吴江

南宋 · 蒋捷

一片春愁待酒浇。江上舟遥，楼上帘招。秋娘渡与泰娘桥，风又飘飘，雨又萧萧。

何日归家洗客袍？银字笙调，心字香烧。流光容易把人抛，红了樱桃，绿了芭蕉。

设置了格式：字体：(默认) 黑体，(中文) 黑体，二号
设置了格式：字体：(默认) 黑体，(中文) 黑体，二号
批注[B1]：首句“一片春愁待酒浇”，揭示了“春愁”这个主题，并点出了时序。
批注[B2]：这三句为作者想象归家后的温暖生活，表现了他思归的急切心情。

图 7-5　修订与批注最终效果

（3）使用 Word 2021 中的模板“精美求职信”创建一个新文档，制作一份个人求职信，制作效果可根据个人喜好进行调整。

第二篇

Excel 2021

实训项目八
制作岗位实习学生信息情况表

一、实训项目简介

某学院就业处小王需制作岗位实习学生信息情况表，用于汇总本年度参加岗位实习的学生的基本信息。表内需包含编号、姓名、性别、出生日期、籍贯、是否团员、联系电话、备注等信息，要求表中的数据清晰明了，便于查看。

具体要求如下：启动 Excel 2021，新建空白工作簿，在工作表中输入学生的基本信息，设置单元格的字体、字号、对齐方式，调整合适的行高和列宽，并添加边框线使其符合要求。岗位实习学生信息情况表最终效果如图 8-1 所示。

	A	B	C	D	E	F	G	H
1	编号	姓名	性别	出生日期	籍贯	是否团员	联系电话	备注
2	1	匡文生	男	2004/5/6	湖南祁东	是	10711433060	农村
3	2	李自大	男	2005/1/22	湖南衡南	是	10207345500	城镇
4	3	周亚男	女	2004/8/15	湖南长沙	否	10055069720	城镇
5	4	王海洋	男	2005/9/12	湖南岳阳	否	10574789820	农村

图 8-1　岗位实习学生信息情况表最终效果

二、实训项目分析

要完成本实训项目，应按照图 8-2 所示思维导图复习教材中学到的知识点和技能点。

为完成本实训项目，需新建空白工作簿，在工作表中输入相关信息，按要求设置文本格式和表格样式。

在完成本实训项目的过程中，应注意选定单元格时可以使用鼠标和键盘进行选择；输入数据时，可以使用填充柄自动填充；设置边框时，要选择正确的边框线类型、颜

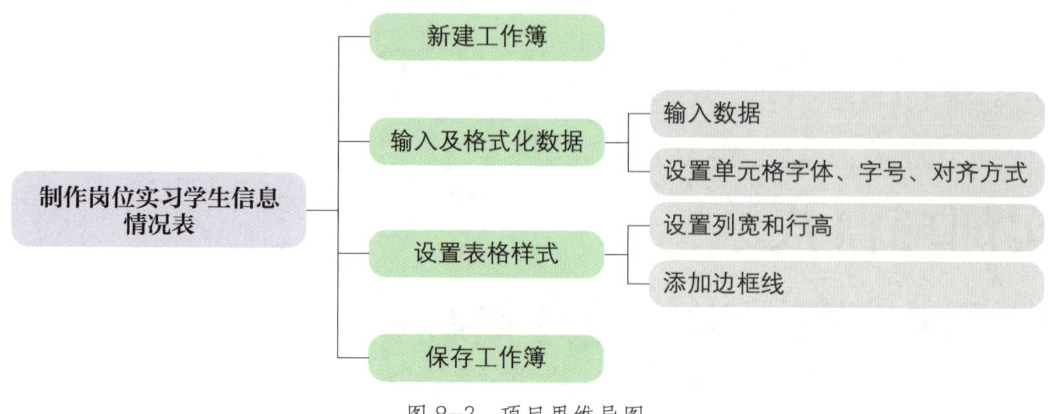

图 8-2 项目思维导图

色及粗细。

三、实训计划制订

根据实训项目分析，学生自己制订完成本实训项目的实训计划，并填写在表 8-1 中。

表 8-1 实训计划

序号	工作内容	所需时间

四、操作步骤提示

本实训项目的操作步骤提示见表 8-2。

表 8-2 操作步骤提示

序号	操作步骤	内容
1	启动 Excel 2021	双击桌面上的 Excel 图标或从 Windows 操作系统的“开始”菜单中启动 Excel，新建一个空白工作簿
2	输入数据	对照效果图从 A1 单元格开始输入数据
3	格式化数据	选中第一行数据，打开“设置单元格格式”对话框，设置其字体为黑体、字号为 20、水平和垂直方向居中

续表

序号	操作步骤	内容
3	格式化数据	选定 A2:H5 单元格，设置其字体为宋体、字号为 18、水平和垂直方向居中
4	调节列宽和行高	将鼠标光标放到两列标或两行号之间双击，或者将鼠标光标放到列标或行号上单击鼠标右键，在弹出的快捷菜单中选择“列宽”或“行高”，再输入列宽或行高的数值，具体设置如下：设置第一行行高为 40、第 2～5 行行高为 30
5	添加边框线	选定 A1:H5 单元格，打开“设置单元格格式”对话框，添加边框线和内部线
6	保存工作簿	将工作簿保存为“岗位实习学生信息情况表 .xlsx”。选择“文件” | “保存”选项，在弹出的“另存为”对话框中选择文件保存路径并输入文件名后保存

五、操作要点记录

在表 8–3 中记录本实训项目的操作要点。

表 8–3　操作要点记录

序号	操作要点	备注

六、运行与修改记录

运行并修改工作簿，排除出现的错误，并在表 8–4 中做好记录。

表 8–4　运行与修改记录

序号	出现错误	错误原因	处理方法

续表

序号	出现错误	错误原因	处理方法

七、实训评价

本实训项目完成后，学生展示表格制作成果，解说在完成项目过程中的心得体会。展示结束后，从职业素养、专业能力、工作成果等方面对该实训项目进行评价，采用自我评价、小组评价、教师评价相结合的多元评价方式，见表 8–5。

表 8–5　实训评价

序号	评价内容	配分 / 分	评价分数		
			自我评价（占比 30%）	小组评价（占比 30%）	教师评价（占比 40%）
1	对实训项目的分析准确到位	20			
2	能熟练输入数据	20			
3	能熟练格式化数据	20			
4	能熟练调节列宽和行高	10			
5	能熟练添加表格边框线	10			
6	能正确保存工作簿	10			
7	能正确展示及解说项目成果	10			
学生姓名		综合评分			

八、巩固与练习

1. 选择题

（1）在 Excel 2021 中新建一个工作簿后，默认情况下有（　　）张工作表。

A. 1　　B. 2　　C. 3　　D. 4

（2）Excel 2021 中单元格的表示方法是（　　）。

A. 先行号，再列标　　B. 先列标，再行号

C. 行号和列标没有顺序要求　　D. 2a 表示一个正确的单元格地址

（3）在 Excel 2021 中，下列关于工作簿、工作表、单元格的说法中，不正确的是

(　　)。

A. 一个工作簿中包含若干张工作表　　B. 工作表中包含工作簿

C. 工作表中包含单元格　　D. 单元格是工作表的最小单位

(4) 在 Excel 2021 中选定单元格的方法有(　　)。

A. 用鼠标单击单元格

B. 按 Shift+Enter 键，可以选定上一个单元格

C. 按 Enter 键，可以选定下一个单元格

D. 按 Tab 键，可以选定右边的单元格

E. 按 Shift+Tab 键，可以选定左边的单元格

F. 以上都对

(5) 在 Excel 2021 中，要修改单元格中的部分数据，应(　　)单元格。

A. 单击　　B. 双击　　C. 右击　　D. 三击

2. 操作题

根据已学知识，在 Excel 2021 中制作某班学生第二学期成绩表，先输入数据，再格式化数据。具体要求如下：设置所有单元格字体为宋体、字号为 11、为表头填充颜色：橙色，个性色 2，淡色 80%，添加内部为细实线、外部为双实线的边框。某班学生第二学期成绩表最终效果如图 8-3 所示。

	A	B	C	D	E	F	G	H	I
1	科目 姓名	计算机	数　学	英　语	语　文	微机组装	手　绘	德　语	体　育
2	李立三	88	91	67	85	89	88	78	83
3	杨美丽	78	86	77	83	95	87	83	67
4	刘甲乐	90	88	84	72	94	89	84	64
5	秦春阳	92	78	81	76	78	85	86	73

图 8-3　某班学生第二学期成绩表最终效果

实训项目九
制作就业学生基本情况表

一、实训项目介绍

某学院就业处小李需制作就业学生基本情况表，用以统计各班学生的男生和女生就业人数。

具体要求如下：启动 Excel 2021，新建一个空白工作簿，在此工作簿中新建 3 张工作表：Sheet2、Sheet3、Sheet4，并将各工作表重命名，然后在各工作表中输入内容，更改各工作表标签的颜色，以平铺方式比较工作表中的内容，设置密码保护工作表，保存工作簿到指定位置。就业学生基本情况表最终效果如图 9-1 所示。

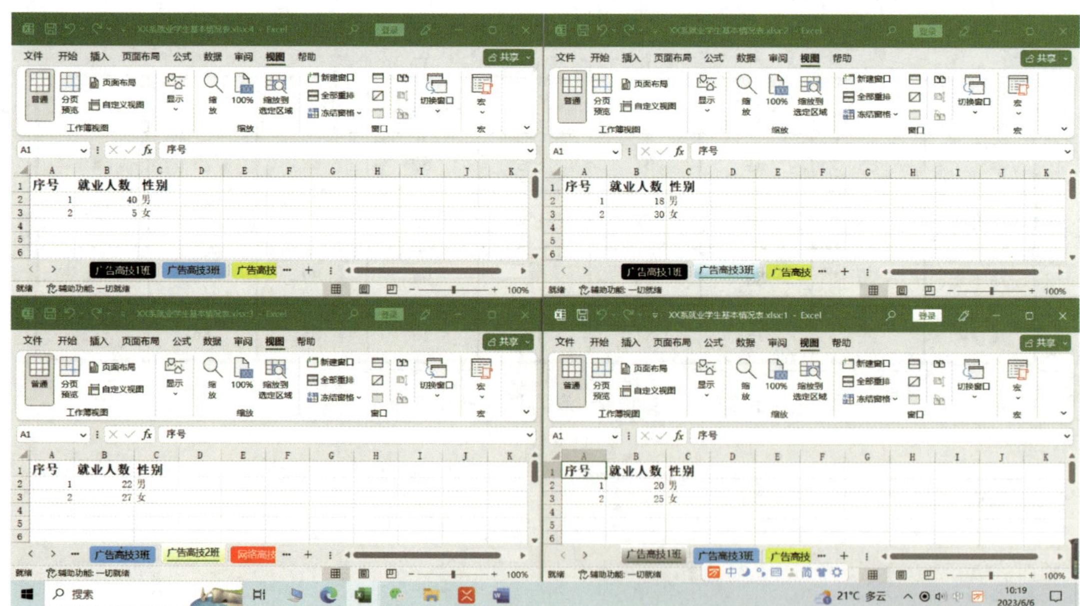

图 9-1　就业学生基本情况表最终效果

二、实训项目分析

要完成本实训项目，应按照图 9–2 所示的思维导图复习教材中学到的知识点和技能点。

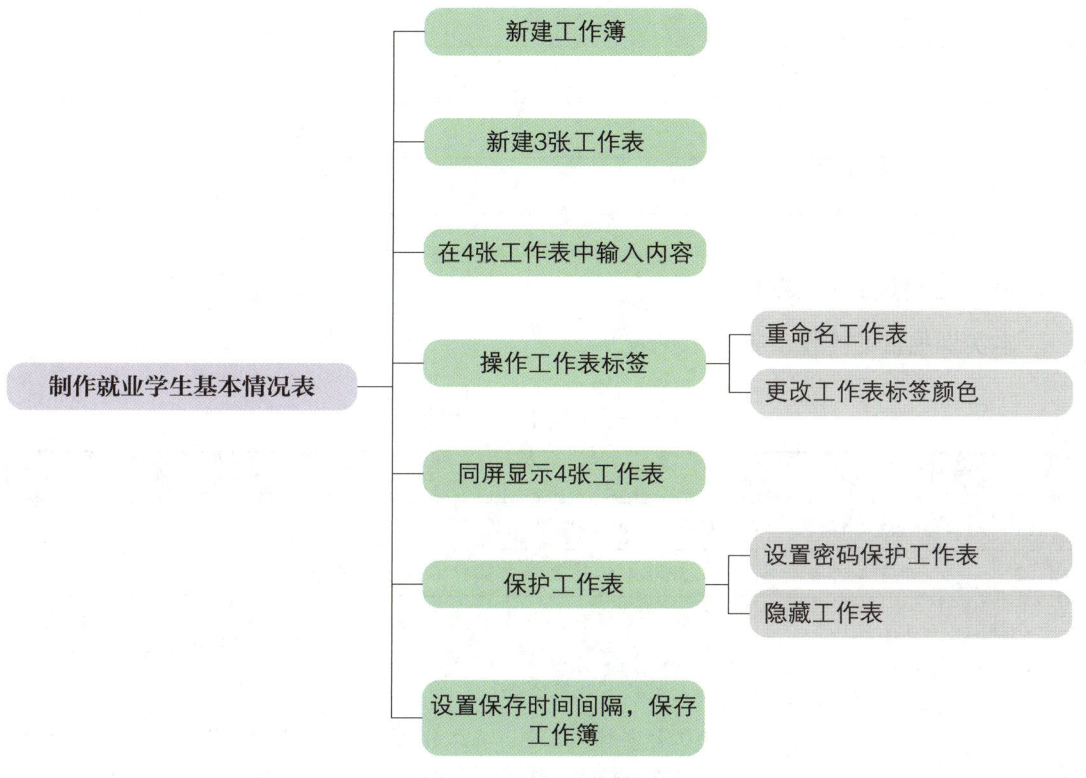

图 9–2　项目思维导图

为完成本实训项目，需启动 Excel 2021，新建一个空白工作簿，在此工作簿中插入工作表，重命名工作表并为其标签更改颜色。

在完成本实训项目的过程中，应注意要在同一屏幕上并排显示 4 张工作表，需要先新建三个窗口，再在“全部重排”对话框中选择“平铺”。

三、实训计划制订

根据实训项目分析，学生自己制订完成本实训项目的实训计划，并填写在表 9–1 中。

表 9-1 实训计划

序号	工作内容	所需时间

四、操作步骤提示

本实训项目的操作步骤提示见表 9-2。

表 9-2 操作步骤提示

序号	操作步骤	内容
1	新建工作簿	启动 Excel 2021 并新建工作簿
2	新建工作表	在 Sheet1 标签上单击鼠标右键，新建 3 张工作表
3	操作工作表标签	重命名工作表：在工作表标签上单击鼠标右键，在弹出的快捷菜单中选择“重命名”，或者双击工作表标签对工作表重命名，根据样文输入工作表标签名称 为工作表标签上色：在工作表标签上单击鼠标右键，在弹出的快捷菜单中选择“工作表标签颜色”，按样文上色
4	同屏显示多个工作表	在“视图”选项卡下“窗口”组中单击“新建窗口”按钮，新建 3 个窗口，再单击“全部重排”按钮，在“重排”对话框中选择“平铺”单选框
5	保护工作表	保护工作表：打开“审阅”选项卡，单击“保护”组中的“保护工作表”按钮，在弹出的“保护工作表”对话框中输入密码 隐藏工作表：在工作表标签上单击鼠标右键，在弹出的快捷菜单中选择“隐藏”，隐藏工作表
6	设置保存间隔时间，保存工作簿	设置保存间隔时间：在“文件”菜单中选择“选项”｜“保存”选项，设置保存间隔时间为 1 分钟 保存工作簿：将工作簿保存为“就业学生基本情况表 .xlsx”

五、操作要点记录

在表 9-3 中记录本实训项目的操作要点。

表 9-3　操作要点记录

序号	操作要点	备注

六、运行与修改记录

运行并修改工作簿，排除出现的错误，并在表 9-4 中做好记录。

表 9-4　运行与修改记录

序号	出现错误	错误原因	处理方法

七、实训评价

本实训项目完成后，学生展示表格制作成果，解说在完成项目过程中的心得体会。展示结束后，从职业素养、专业能力、工作成果等方面对该实训项目进行评价，采用自我评价、小组评价、教师评价相结合的多元评价方式，见表 9-5。

表 9-5　实训评价

序号	评价内容	配分 / 分	评价分数		
			自我评价（占比 30%）	小组评价（占比 30%）	教师评价（占比 40%）
1	对实训项目的分析准确到位	20			
2	能熟练操作工作表标签	20			
3	能同屏显示多张工作表	20			

续表

序号	评价内容	配分/分	评价分数		
			自我评价（占比 30%）	小组评价（占比 30%）	教师评价（占比 40%）
4	能设置密码保护工作表	20			
5	能正确设置间隔时间保存工作簿	5			
6	能熟练掌握保存工作簿的方法	5			
7	能正确展示及解说项目成果	10			
学生姓名		综合评分			

八、巩固与练习

1. 选择题

（1）在 Excel 2021 中，新建工作簿的快捷键是（　　）。

A. Ctrl+N　　B. Ctrl+O　　C. Ctrl+P　　D. Ctrl+S

（2）在 Excel 2021 中，新建工作表的快捷键是（　　）。

A. Shift+F11　　B. Shift+F1　　C. Shift+F10　　D. Shift+F12

（3）在 Excel 2021 中，下列关于隐藏工作表的说法中正确的是（　　）。

A. 可以隐藏所有工作表　　B. 只能隐藏一个工作表

C. 工作表隐藏后将被删除　　D. 至少要有一个工作表显示

（4）在 Excel 2021 中可通过“审阅”选项卡下“保护”组中的“保护工作簿”按钮设置密码，则下列说法中不正确的是（　　）。

A. 必须输入密码才能打开工作簿

B. 保护的是结构和窗口

C. 如果要修改结构或窗口，必须取消工作簿保护

D. 虽然保护了工作簿，但仍可以修改数据

（5）在 Excel 2021 中，保存工作簿的快捷键是（　　）。

A. Ctrl+N　　B. Ctrl+C　　C. Ctrl+S　　D. Ctrl+P

2. 操作题

利用 Excel 2021 自带模板创建个人月度预算工作簿，先启动 Excel，在 Excel 操作界面中单击“文件”|“新建”选项，在右侧启动界面中选择“更多模板”，在模板中选择“个人月度预算”。具体要求如下：在此工作簿中再新建一张工作表，将两张工作表

分别以“个人月度预算”和“收支表”重命名，设置两张工作表标签的颜色分别为红色和蓝色，为此工作簿设置保护密码，最后以文件名“个人月度预算”保存工作簿到指定位置。个人月度预算表最终效果如图 9-3 所示。

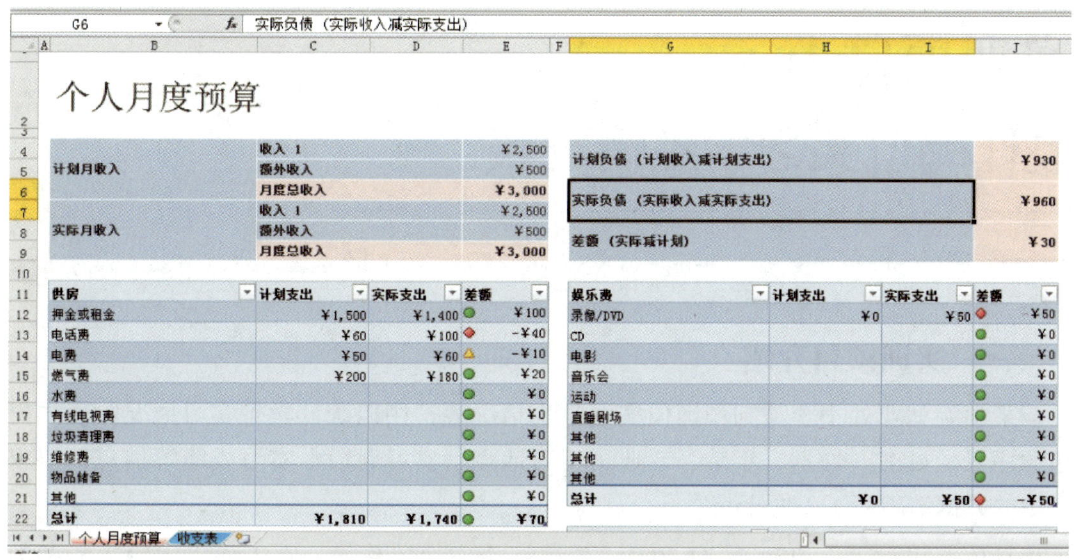

图 9-3　个人月度预算表最终效果

实训项目十
制作岗位实习学生情况表

一、实训项目介绍

某学院就业处小李需制作岗位实习学生情况表，用以统计学生实习情况。表内需包含序号、姓名、性别、年龄、专业、实习地点、实习时段、实习成绩等信息，要求表中的数据清晰明了，便于查看。

具体要求如下：启动 Excel 2021，新建一个空白工作簿，在工作表中输入相关数据，并设置单元格的字体、字号、颜色、边框与底纹、行高与列宽等，使表格体现美观大方的效果。岗位实习学生情况表最终效果如图 10-1 所示。

	A	B	C	D	E	F	G	H
1	2022年××学院岗位实习学生情况表							
2	序　号	姓名	性　别	年　龄	专　业	实习地点	实习时段	实习成绩
3	001	钟爱琳	女	18	计算机广告	湖南衡阳	一学期	优
4	002	黄文明	男	19	计算机软件	广东深圳	一学期	良
5	003	肖雅丽	女	20	计算机广告	湖南衡阳	一学期	优
6	004	张芝惠	女	18	计算机网络	广东佛山	一学期	良
7	005	秦发春	男	20	计算机广告	湖南衡阳	一学期	优
8	006	周梦佳	女	18	计算机网络	广东佛山	一学期	合格
9	007	李　易	男	20	计算机软件	广东深圳	一学期	良
10	008	蒋莎莎	女	19	计算机广告	湖南长沙	一学期	优
11	009	汤文佳	男	20	计算机网络	广东佛山	一学期	合格
12	010	文程胜	男	18	计算机软件	广东中山	一学期	优
13	011	刘半仙	男	20	计算机软件	广东中山	一学期	合格
14	012	贺小峰	男	19	计算机网络	广东东莞	一学期	良
15	013	肖　涵	女	18	计算机广告	湖南长沙	一学期	优
16	014	刘彦君	女	19	计算机网络	广东东莞	一学期	合格
17	015	邓之成	男	18	计算机软件	广东深圳	一学期	良

图 10-1　岗位实习学生情况表最终效果

二、实训项目分析

要完成本实训项目，应按照图 10-2 所示的思维导图复习教材中学到的知识点和技能点。

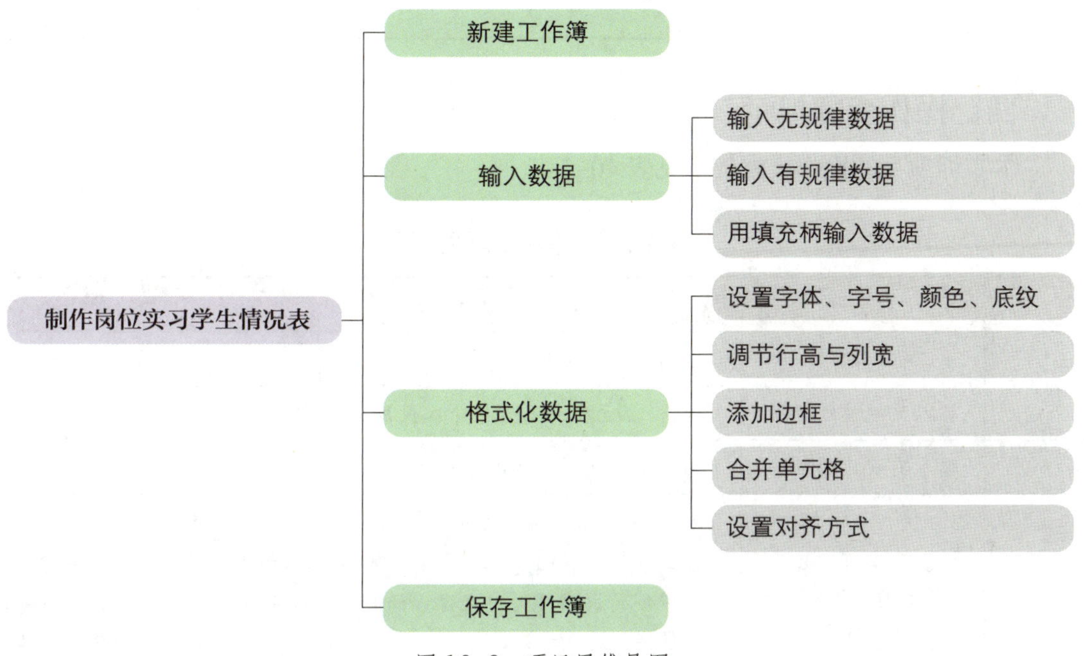

图 10-2　项目思维导图

为完成本实训项目，需启动 Excel 2021，新建一个空白工作簿，在工作表中输入数据后进行格式化。

在完成本实训项目过程中，应注意不同类型数据的输入技巧和有规律数据的输入方法，充分利用填充柄复制数据，填充柄可以向上、向下、向左、向右填充数据。注意数值型数据作为文本型数据的输入方法。

三、实训计划制订

根据实训项目分析，学生自己制订完成本实训项目的实训计划，并填写在表 10-1 中。

表 10-1　实训计划

序号	工作内容	所需时间

续表

序号	工作内容	所需时间

四、操作步骤提示

本实训项目的操作步骤提示见表 10–2。

表 10–2　操作步骤提示

序号	操作步骤	内容
1	新建工作簿	启动 Excel 2021 并新建工作簿
2	输入无规律的数据	从 A1 单元格开始直接输入数据
3	输入有规律的数据	利用填充柄输入有规律的数据
4	将数值型数据作为文本型数据输入	方法 1：先输入英文状态下的单引号，再输入数值 方法 2：选中单元格，打开“开始”选项卡，单击“对齐方式”组右下侧的启动按钮，在弹出的“设置单元格格式”对话框中切换到“数字”选项卡，选择“分类”下的“文本”，再输入数值
5	格式化数据	选定 A1:H1 单元格，单击“合并后居中”按钮设置单元格合并、内容居中对齐，设置字体为仿宋、字号为 18 选定 A2:H2 单元格，设置单元格字体为宋体、字号为 14、底纹为黄色、水平居中 选定 A3:H17 单元格，设置单元格字体为宋体、字号为 12、水平居中 选定 A2:H17 单元格，设置单元格水平和垂直居中
6	调节列宽和行高	选定第一行，设置行高为 30；选定 A2:A17 各行，设置行高为 18
7	添加边框线	选定 A2:H17 单元格，打开“设置单元格格式”对话框，添加内部为单线、外部为双线的边框
8	保存工作簿	将工作簿保存为“岗位实习学生情况表 .xlsx”

五、操作要点记录

在表 10–3 中记录本实训项目的操作要点。

表 10-3　操作要点记录

序号	操作要点	备注

六、运行与修改记录

运行并修改工作簿，排除出现的错误，并在表 10-4 中做好记录。

表 10-4　运行与修改记录

序号	出现错误	错误原因	处理方法

七、实训评价

本实训项目完成后，学生展示表格制作成果，解说在完成项目过程中的心得体会。展示结束后，从职业素养、专业能力、工作成果等方面对该实训项目进行评价，采用自我评价、小组评价、教师评价相结合的多元评价方式，见表 10-5。

表 10-5　实训评价

序号	评价内容	配分 / 分	评价分数		
			自我评价（占比 30%）	小组评价（占比 30%）	教师评价（占比 40%）
1	对实训项目的分析准确到位	20			
2	能熟练输入无规律的数据	10			

续表

序号	评价内容	配分/分	评价分数		
			自我评价（占比 30%）	小组评价（占比 30%）	教师评价（占比 40%）
3	能熟练使用填充柄输入有规律的数据	20			
4	能熟练将数值型数据作为文本型数据输入	10			
5	能熟练格式化数据，调节列宽和行高，并为表格添加边框线	20			
6	能正确展示及解说项目成果	20			
学生姓名		综合评分			

八、巩固与练习

1. 选择题

（1）在 Excel 2021 中，文本型数据自动（　　），数值型数据自动（　　）。

A. 右对齐　　B. 左对齐　　C. 两端对齐　　D. 分散对齐

（2）在 Excel 2021 中，若连续或不连续单元格存在相同数据，快速输入数据的方法是（　　）。

A. 选定相同的单元格，输入数据，再按 Ctrl+Enter 键确认

B. 选定相同的单元格，输入数据，再按 Shift+Enter 键确认

C. 选定相同的单元格，输入数据，再按 Alt+Enter 键确认

D. 选定相同的单元格，输入数据，再按 Ctrl+Shift 键确认

（3）在 Excel 2021 中，将数值型数据作为文本型数据输入的方法是（　　）。

A. 先输入英文状态下的单引号，再输入数值，按 Enter 键确认

B. 先输入英文状态下的等号 + 双引号，再在双引号中输入数值，按 Enter 键确认

C. 选中单元格，打开“开始”选项卡，单击“对齐方式”组右下侧的启动按钮，在弹出的“设置单元格格式”对话框中切换到“数字”选项卡，选择“分类”下的“文本”，再输入数值，按 Enter 键确认

D. 以上都对

（4）在 Excel 2021 中，下列关于填充柄的说法中不正确的是（　　）。

A. 填充柄只能用来填充相邻单元格有规律的数据

B. 填充柄可以向上、向下、向左、向右填充相邻单元格有规律的数据

C. 填充柄只能向下或向右填充有规律的数据

D. 选定单元格，将鼠标光标移到单元格右下角，待光标变成“+”形状后，拖动鼠标即可进行填充

（5）在 Excel 2021 中，要快速标出符合条件的数据，可使用（　　）。

A. 自动筛选　　　　B. 条件格式

C. 自动套用格式　　　　D. 单元格格式对话框

2. 操作题

使用素材“某班学生宿舍水电费一览表 .xlsx”，完成工作簿的格式设置。具体要求如下：

选择 A1:D1 单元格，单击“合并后居中”按钮，设置其字体为华文行楷、字号为 16、行高为 45；选择 A2:D2 单元格，设置字体为宋体、字号为 12、水平和垂直方向居中、填充为“橙色，强调文字颜色 6，淡色 60%”；选择 A3:D10 单元格，设置单元格水平和垂直方向居中、行高为 25；选择 A2:D10 单元格，添加内部单线、外部双线的边框，调节各列宽度为 20；在 C3:D10 单元格中将大于 20 的数据用红色及斜体表示；在 C3:D10 单元格中将小于 20 的数据所在单元格填充图案颜色为黄色，图案样式如图 10-3 所示。

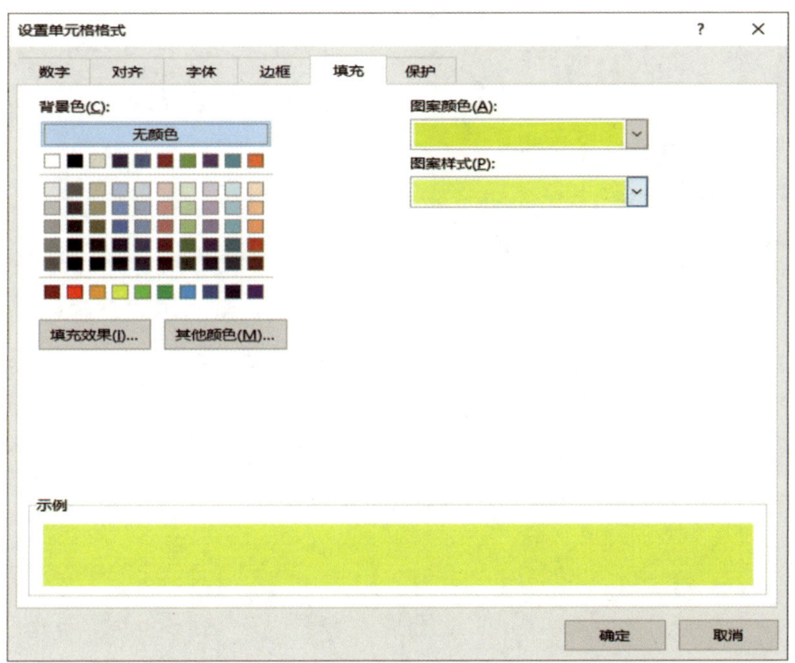

图 10-3　为小于 20 的数据所在单元格填充底纹

六月份某班学生宿舍水电费一览表最终效果如图 10-4 所示。

	A	B	C	D
1	六月份某班学生宿舍水电费一览表			
2	序号	宿舍号	水费(元)	电费(元)
3	001	s201	20	23
4	002	s202	15	33
5	003	s203	30	18
6	004	s204	42	31
7	005	s205	18	45
8	006	s206	33	19
9	007	s207	21	44
10	008	s208	10	36

图 10-4　六月份某班学生宿舍水电费一览表最终效果

实训项目十一
制作员工岗前培训成绩表图表

一、实训项目介绍

某公司人事部小王需根据员工岗前培训成绩表制作相关图表，以形象直观地展示表格中的数据。

具体要求如下：打开素材“员工岗前培训成绩表.xlsx”，利用工作表内的“姓名”和“职业道德”两列数据制作一个三维饼图；利用工作表内的“姓名”和“职业道德”“安全教育”“规章制度”四列数据制作一个折线图，并对各图表进行编辑，饼图最终效果如图 11-1 所示，折线图最终效果如图 11-2 所示。

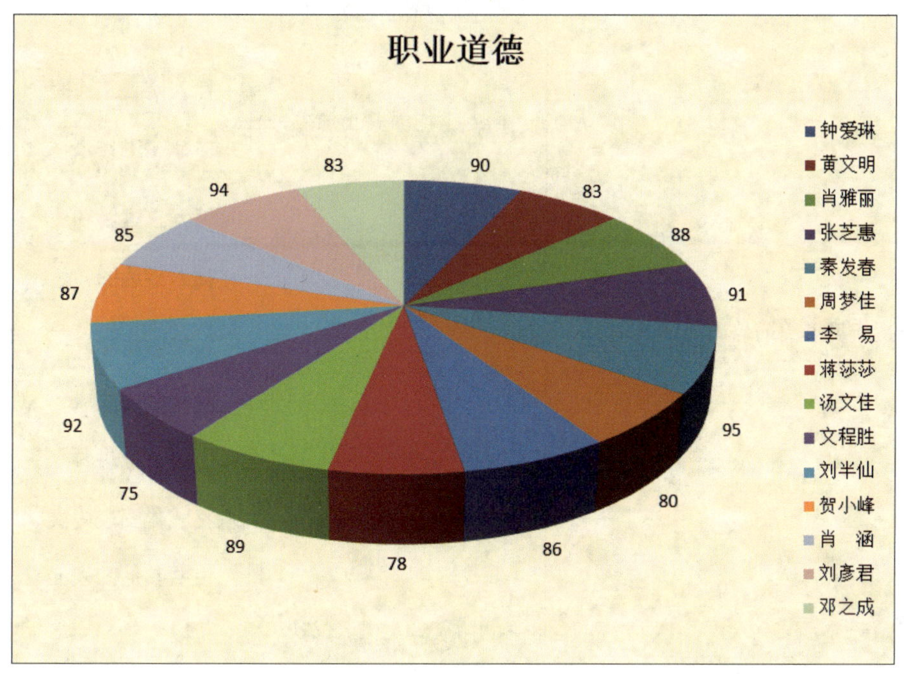

图 11-1　饼图最终效果

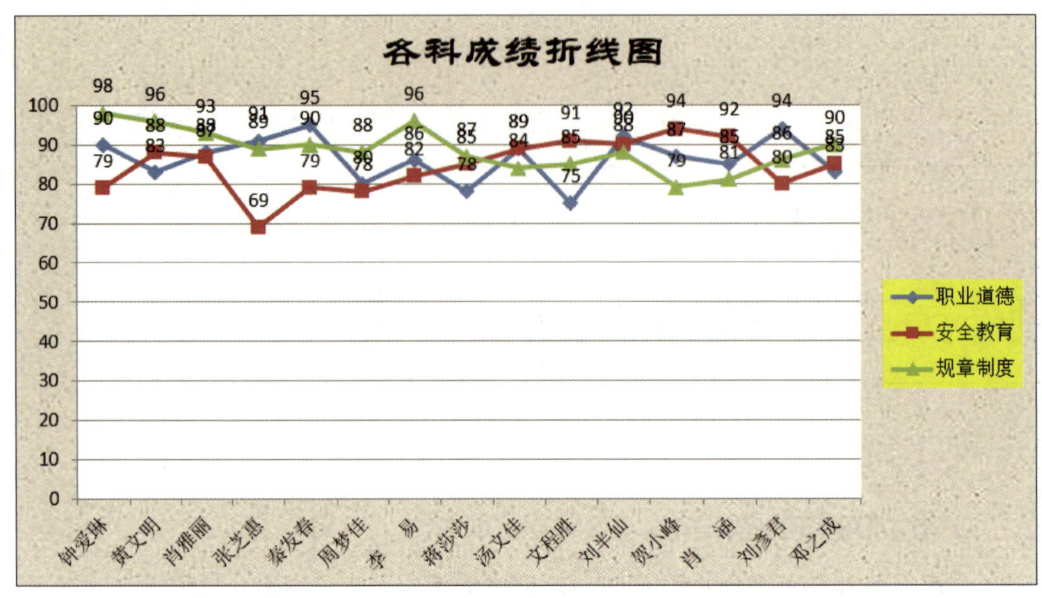

图 11-2 折线图最终效果

二、实训项目分析

要完成本实训项目，应按照图 11-3 所示的思维导图复习教材中学到的知识点和技能点。

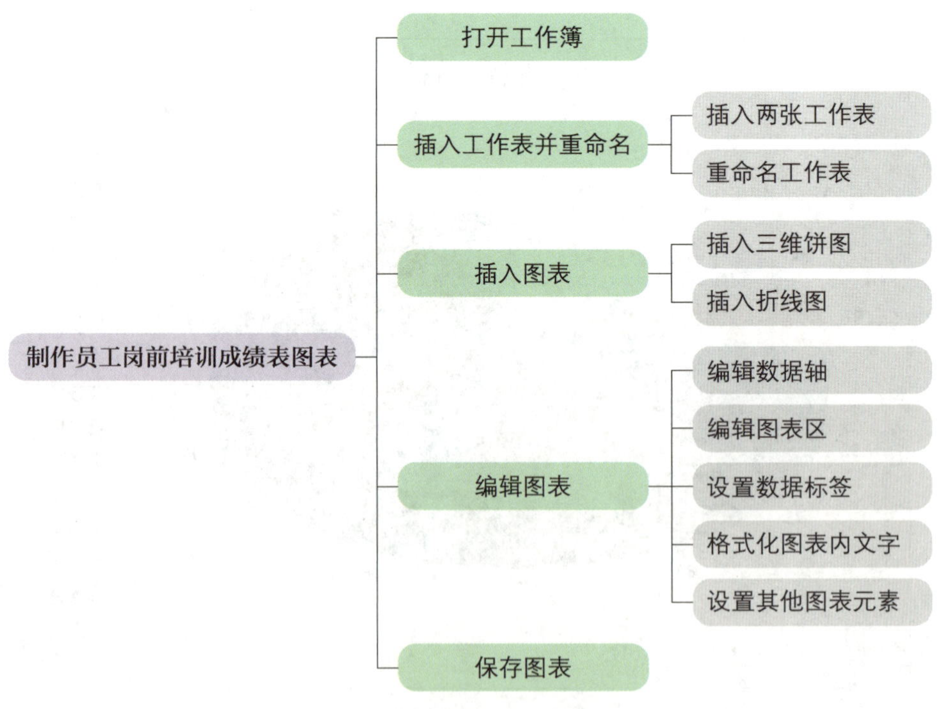

图 11-3 项目思维导图

为完成本实训项目，需打开素材“员工岗前培训成绩表.xlsx”工作簿，利用所给工作表内的某些数据列制作饼图和折线图。

在完成本实训项目的过程中，应注意要利用“图表工具”中的“图表设计”选项卡和“格式”选项卡对图表进行编辑，也可以在图表元素上单击鼠标右键，从弹出的快捷菜单中选择相应的选项进行编辑。

三、实训计划制订

根据实训项目分析，学生自己制订完成本实训项目的实训计划，并填写在表11-1中。

表11-1　实训计划

序号	工作内容	所需时间

四、操作步骤提示

本实训项目的操作步骤提示见表11-2。

表11-2　操作步骤提示

序号	操作步骤	内容
1	打开工作簿	打开素材“员工岗前培训成绩表.xlsx”
2	插入工作表并重命名	插入两张工作表，将第一张工作表的内容分别复制、粘贴到其他两张工作表中，并重命名两张工作表标签分别为饼图和折线图
3	插入并编辑饼图	选择“饼图”工作表，选中“姓名”和“职业道德”两列数据，在“插入”选项卡下“图表”组中单击“推荐的图表”按钮，在弹出的“插入图表”对话框的“所有图表”选项卡中选择“饼图”中的“三维饼图” 选定三维饼图，在“图表设计”选项卡下“图表布局”组中单击“添加图表元素”按钮，在弹出的下拉菜单中选择“图例”|“右侧”选项；用类似方法设置数据标签在外侧；在“格式”选项卡下“形状样式”组中单击“形状填充”按钮，在弹出的下拉菜单中选择“纹理”|“羊皮纸”选项

续表

序号	操作步骤	内容
4	插入并编辑折线图	选择“折线图”工作表，选定“姓名”和“职业道德”“安全教育”“规章制度”列，在“插入”选项卡下“图表”组中单击“推荐的图表”按钮，在弹出“插入图表”对话框的“所有图表”选项卡中选择“折线图”中的“带数据标记的折线图” 选定折线图，在“图表设计”选项卡下“图表布局”组中单击“添加图表元素”按钮，在弹出的下拉菜单中选择“数据标签”|“上方”选项，用类似方法设置图例在右侧 选定折线图，在“纵坐标轴”上单击鼠标右键，在弹出的快捷菜单中选择“设置坐标轴格式”，在其对话框中设置边界“最小值”为 0、边界“最大值”为 100、单位“大”为 60 设置图表标题为“各科成绩折线图”，并设置字体为华文隶书、字号为 20，为图例添加黄色底纹，设置绘图区背景为再生纸
5	保存工作簿	保存工作簿并退出 Excel 2021

五、操作要点记录

在表 11-3 中记录本实训项目的操作要点。

表 11-3　操作要点记录

序号	操作要点	备注

六、运行与修改记录

运行并修改工作簿，排除出现的错误，并在表 11-4 中做好记录。

表 11-4　运行与修改记录

序号	出现错误	错误原因	处理方法

续表

序号	出现错误	错误原因	处理方法

七、实训评价

本实训项目完成后，学生展示表格图表制作成果，解说在完成项目过程中的心得体会。展示结束后，从职业素养、专业能力、工作成果等方面对该实训项目进行评价，采用自我评价、小组评价、教师评价相结合的多元评价方式，见表 11-5。

表 11-5　实训评价

序号	评价内容	配分 / 分	评价分数		
			自我评价（占比 30%）	小组评价（占比 30%）	教师评价（占比 40%）
1	对实训项目的分析准确到位	20			
2	能熟练插入并编辑饼图	20			
3	能熟练插入并编辑折线图	20			
4	制作的图表应符合要求	10			
5	能熟练格式化图表内文字	10			
6	图表整体效果美观、大方	10			
7	能正确展示及解说项目成果	10			
学生姓名		综合评分			

八、巩固与练习

1. 选择题

（1）在 Excel 2021 中，当工作表中的数据发生改变时，相对应的图表中的相关数据（　　）。

A. 不变　　B. 随之改变

C. 有时变化有时不变化　　D. 以上都对

（2）在 Excel 2021 中，当插入图表后，在“图表工具”的“图表设计”选项卡中

可以（　　）。

A. 重新选择数据　　B. 更改图表类型

C. 更改图表样式　　D. 以上都对

（3）在 Excel 2021 中，当插入图表后，在“图表工具”的“图表设计”选项卡下“图表布局”组中可以设置（　　）。

A. 图表标题　　B. 图例　　C. 数据标签　　D. 以上都对

（4）在 Excel 2021 中，当插入图表后，在“图表工具”的“格式”选项卡中可以设置（　　）。

A. 形状填充　　B. 形状轮廓　　C. 形状效果　　D. 以上都对

（5）在 Excel 2021 中，插入的外部图片与剪贴画相比较，（　　）。

A. 外部图片为位图　　B. 剪贴画为矢量图

C. 剪贴画放大后没有锯齿状　　D. 以上都对

2. 操作题

打开素材“职业技能竞赛获奖情况表 .xlsx”，利用表中数据制作一个圆环图。具体要求如下：选定“等次”和“奖牌数”两列数据，制作一个圆环图；单击“格式”选项卡下“形状样式”组中的“形状填充”按钮，设置图表区背景为下拉列表中“纹理”下的“信纸”；为圆环图添加数据标签，如图 11–4 所示，设置圆环图第一扇区起始角度为 60° 、圆环图圆环大小为 30%，为图例添加边框，并保存该工作簿到指定文件夹下。职业技能竞赛获奖情况表圆环图最终效果如图 11–4 所示。

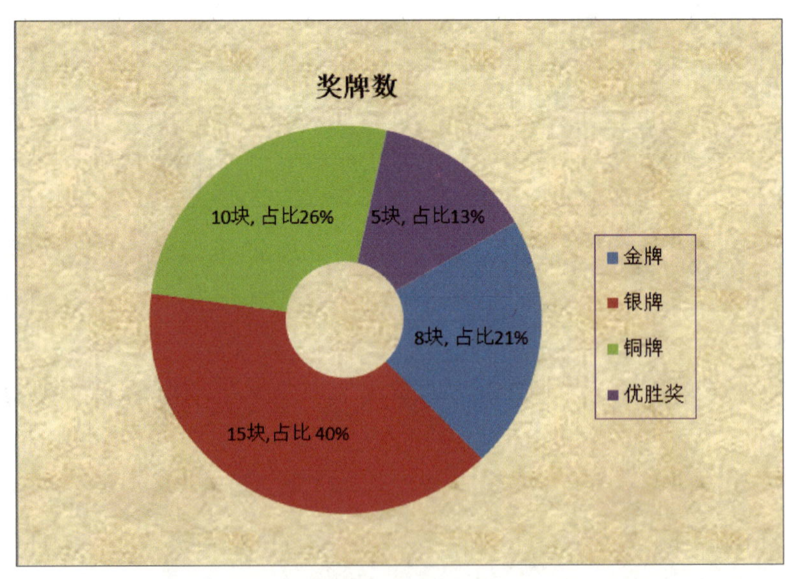

图 11–4　职业技能竞赛获奖情况表圆环图最终效果

实训项目十二
计算与处理科创商场一季度电器销售情况表

一、实训项目介绍

科创商场综合部小李需根据销售部提供的科创商场一季度电器销售情况表，利用 Excel 中的计算功能完成其他数据的填充，利用数据处理方法找出符合要求的记录，以便掌握商场的销售情况。

具体要求如下：打开素材“科创商场一季度电器销售情况表 .xlsx”，利用函数或公式法计算出每名销售人员销售金额的销售额、最大销售额、最小销售额、平均销售额和销售排名，并对数据进行格式化，最终效果如图 12–1 所示。利用数据处理方法对数据排序，筛选出符合要求的记录，最终效果如图 12–2 至图 12–4 所示。

二、实训项目分析

要完成本实训项目，应按照图 12–5 所示的思维导图复习教材中学到的知识点和技能点。

	A	B	C	D	E	F	G	H	I	J	K
1	科创商场一季度电器销售情况表										
2	电器 姓名	冰箱	彩电	电脑	空调	电风扇	销售额	最大销售额	最小销售额	平均销售额	销售排名
3	钟爱琳	¥53, 000. 00	¥77, 612. 00	¥17, 380. 00	¥76, 590. 00	¥56, 780. 00	¥281, 362. 00	¥77, 612. 00	¥17, 380. 00	¥56, 272. 4	9
4	黄文明	¥38, 000. 00	¥75, 980. 00	¥45, 890. 00	¥31, 200. 00	¥98, 721. 00	¥289, 791. 00	¥98, 721. 00	¥31, 200. 00	¥57, 958. 2	8
5	肖雅丽	¥78, 000. 00	¥45, 321. 00	¥65, 210. 00	¥45, 100. 00	¥87, 690. 00	¥321, 321. 00	¥87, 690. 00	¥45, 100. 00	¥64, 264. 2	6
6	张芝惠	¥65, 000. 00	¥56, 487. 00	¥45, 632. 00	¥54, 200. 00	¥55, 430. 00	¥276, 749. 00	¥65, 000. 00	¥45, 632. 00	¥55, 349. 8	10
7	秦发春	¥160, 000. 00	¥77, 654. 00	¥53, 210. 00	¥43, 187. 00	¥74, 190. 00	¥408, 241. 00	¥160, 000. 00	¥43, 187. 00	¥81, 648. 2	4
8	周梦佳	¥11, 879. 00	¥88, 970. 00	¥43, 870. 00	¥66, 210. 00	¥98, 210. 00	¥309, 139. 00	¥98, 210. 00	¥11, 879. 00	¥61, 827. 8	7
9	李　易	¥34, 560. 00	¥342, 190. 00	¥661, 122. 00	¥34, 910. 00	¥67, 234. 00	¥1, 140, 016. 00	¥661, 122. 00	¥34, 560. 00	¥228, 003. 2	1
10	蒋莎莎	¥77, 631. 00	¥556, 677. 00	¥43, 289. 00	¥77, 321. 00	¥12, 365. 00	¥767, 283. 00	¥556, 677. 00	¥12, 365. 00	¥153, 456. 6	3
11	汤文佳	¥345, 870. 00	¥12, 351. 00	¥445, 578. 00	¥88, 231. 00	¥78, 930. 00	¥970, 960. 00	¥445, 578. 00	¥12, 351. 00	¥194, 192. 0	2
12	文程胜	¥33, 550. 00	¥65, 808. 00	¥55, 673. 00	¥99, 340. 00	¥76, 890. 00	¥331, 261. 00	¥99, 340. 00	¥33, 550. 00	¥66, 252. 2	5

图 12–1　科创商场一季度电器销售情况表计算与格式化最终效果

科创商场一季度电器销售情况表

电器 姓名	冰箱	彩电	电脑	空调	电风扇	销售额	最大销售额	最小销售额	平均销售额	销售排名
张芝惠	¥65,000.00	¥56,487.00	¥45,632.00	¥54,200.00	¥55,430.00	¥276,749.00	¥65,000.00	¥45,632.00	¥55,349.8	10
钟爱琳	¥53,000.00	¥77,612.00	¥17,380.00	¥76,590.00	¥56,780.00	¥281,362.00	¥77,612.00	¥17,380.00	¥56,272.4	9
黄文明	¥38,000.00	¥75,980.00	¥45,890.00	¥31,200.00	¥98,721.00	¥289,791.00	¥98,721.00	¥31,200.00	¥57,958.2	8
周梦佳	¥11,879.00	¥88,970.00	¥43,870.00	¥66,210.00	¥98,210.00	¥309,139.00	¥98,210.00	¥11,879.00	¥61,827.8	7
肖雅丽	¥78,000.00	¥45,321.00	¥65,210.00	¥45,100.00	¥87,690.00	¥321,321.00	¥87,690.00	¥45,100.00	¥64,264.2	6
文程胜	¥33,550.00	¥65,808.00	¥55,673.00	¥99,340.00	¥76,890.00	¥331,261.00	¥99,340.00	¥33,550.00	¥66,252.2	5
秦发春	¥160,000.00	¥77,654.00	¥53,210.00	¥43,187.00	¥74,190.00	¥408,241.00	¥160,000.00	¥43,187.00	¥81,648.2	4
蒋莎莎	¥77,631.00	¥556,677.00	¥43,289.00	¥77,321.00	¥12,365.00	¥767,283.00	¥556,677.00	¥12,365.00	¥153,456.6	3
汤文佳	¥345,870.00	¥12,351.00	¥445,578.00	¥88,231.00	¥78,930.00	¥970,960.00	¥445,578.00	¥12,351.00	¥194,192.0	2
李　易	¥34,560.00	¥342,190.00	¥661,122.00	¥34,910.00	¥67,234.00	¥1,140,016.00	¥661,122.00	¥34,560.00	¥228,003.2	1

图 12-2　科创商场一季度电器销售情况表排序最终效果

科创商场一季度电器销售情况表

电器 姓名	冰箱	彩电	电脑	空调	电风扇	销售额	最大销售额	最小销售额	平均销售额	销售排名
肖雅丽	¥78,000.00	¥45,321.00	¥65,210.00	¥45,100.00	¥87,690.00	¥321,321.00	¥87,690.00	¥45,100.00	¥64,264.2	6
秦发春	¥160,000.00	¥77,654.00	¥53,210.00	¥43,187.00	¥74,190.00	¥408,241.00	¥160,000.00	¥43,187.00	¥81,648.2	4
汤文佳	¥345,870.00	¥12,351.00	¥445,578.00	¥88,231.00	¥78,930.00	¥970,960.00	¥445,578.00	¥12,351.00	¥194,192.0	2

图 12-3　科创商场一季度电器销售情况表自动筛选最终效果

科创商场一季度电器销售情况表

电器 姓名	冰箱	彩电	电脑	空调	电风扇	销售额	最大销售额	最小销售额	平均销售额	销售排名
钟爱琳	¥53,000.00	¥77,612.00	¥17,380.00	¥76,590.00	¥56,780.00	¥281,362.00	¥77,612.00	¥17,380.00	¥56,272.4	9
黄文明	¥38,000.00	¥75,980.00	¥45,890.00	¥31,200.00	¥98,721.00	¥289,791.00	¥98,721.00	¥31,200.00	¥57,958.2	8
肖雅丽	¥78,000.00	¥45,321.00	¥65,210.00	¥45,100.00	¥87,690.00	¥321,321.00	¥87,690.00	¥45,100.00	¥64,264.2	6
张芝惠	¥65,000.00	¥56,487.00	¥45,632.00	¥54,200.00	¥55,430.00	¥276,749.00	¥65,000.00	¥45,632.00	¥55,349.8	10
秦发春	¥160,000.00	¥77,654.00	¥53,210.00	¥43,187.00	¥74,190.00	¥408,241.00	¥160,000.00	¥43,187.00	¥81,648.2	4
周梦佳	¥11,879.00	¥88,970.00	¥43,870.00	¥66,210.00	¥98,210.00	¥309,139.00	¥98,210.00	¥11,879.00	¥61,827.8	7
李　易	¥34,560.00	¥342,190.00	¥661,122.00	¥34,910.00	¥67,234.00	¥1,140,016.00	¥661,122.00	¥34,560.00	¥228,003.2	1
蒋莎莎	¥77,631.00	¥556,677.00	¥43,289.00	¥77,321.00	¥12,365.00	¥767,283.00	¥556,677.00	¥12,365.00	¥153,456.6	3
汤文佳	¥345,870.00	¥12,351.00	¥445,578.00	¥88,231.00	¥78,930.00	¥970,960.00	¥445,578.00	¥12,351.00	¥194,192.0	2
文程胜	¥33,550.00	¥65,808.00	¥55,673.00	¥99,340.00	¥76,890.00	¥331,261.00	¥99,340.00	¥33,550.00	¥66,252.2	5

电器 姓名	冰箱	彩电	电脑	空调	电风扇	销售额	最大销售额	最小销售额	平均销售额	销售排名
		>70000		<50000						

电器 姓名	冰箱	彩电	电脑	空调	电风扇	销售额	最大销售额	最小销售额	平均销售额	销售排名
黄文明	¥38,000.00	¥75,980.00	¥45,890.00	¥31,200.00	¥98,721.00	¥289,791.00	¥98,721.00	¥31,200.00	¥57,958.2	8
秦发春	¥160,000.00	¥77,654.00	¥53,210.00	¥43,187.00	¥74,190.00	¥408,241.00	¥160,000.00	¥43,187.00	¥81,648.2	4
李　易	¥34,560.00	¥342,190.00	¥661,122.00	¥34,910.00	¥67,234.00	¥1,140,016.00	¥661,122.00	¥34,560.00	¥228,003.2	1

图 12-4　科创商场一季度电器销售情况表高级筛选最终效果

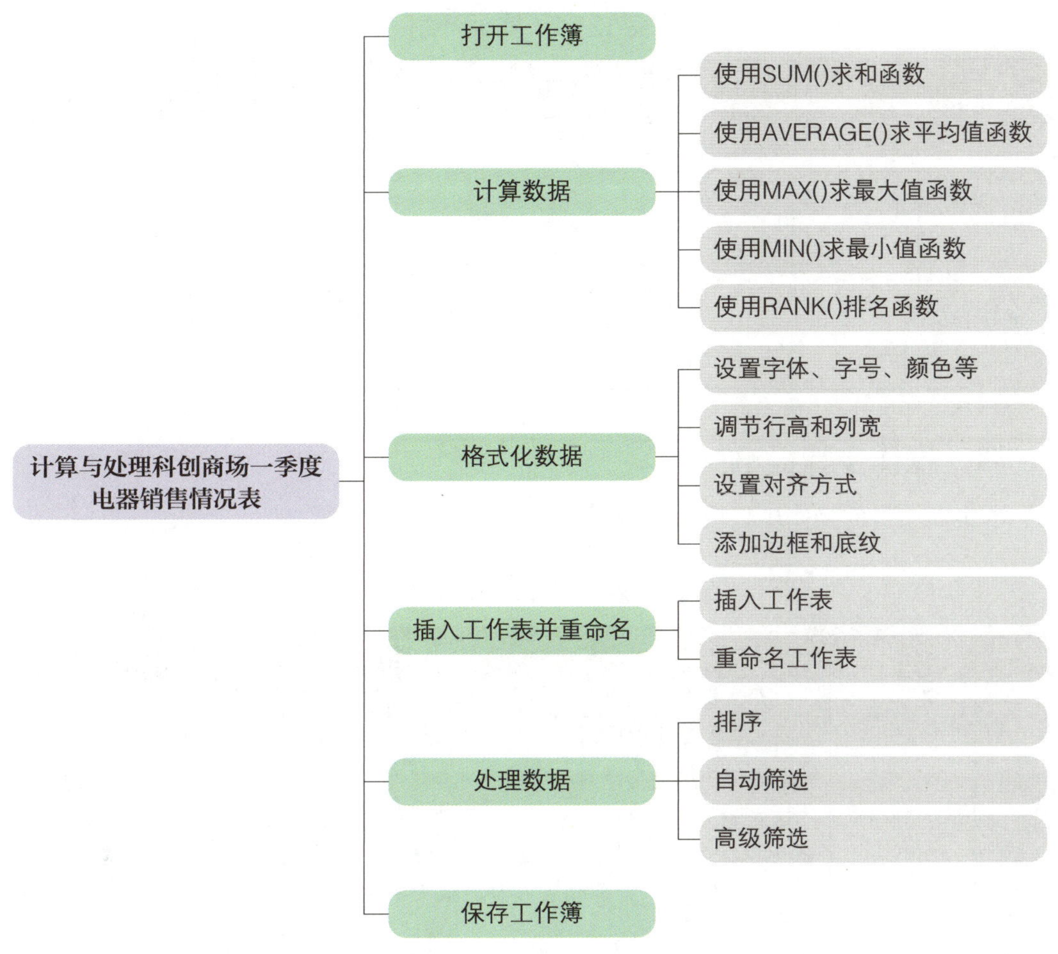

图 12-5　项目思维导图

为完成本实训项目，需打开素材“科创商场一季度电器销售情况表 .xlsx”，对表格中的数据进行计算和数据处理。

在完成本实训项目的过程中，应重点注意不同函数的使用方法和使用技巧，以及单元格地址的引用方法；在进行高级筛选时要先将字段复制并粘贴到数据的最下方，字段与原有数据之间要空一行。

三、实训计划制订

根据实训项目分析，学生自己制订完成本实训项目的实训计划，并填写在表 12-1 中。

表 12-1　实训计划

序号	工作内容	所需时间

四、操作步骤提示

本实训项目的操作步骤提示见表 12-2。

表 12-2　操作步骤提示

序号	操作步骤	内容
1	打开工作簿	打开素材“科创商场一季度电器销售情况表 .xlsx”
2	计算数据	在 G3 单元格中输入公式“=SUM(B3:F3)”，计算销售人员一季度的销售额，该列其他单元格利用填充柄进行填充 选定 H3 单元格，单击“公式”选项卡，在“函数库”组中单击“自动求和”按钮，在弹出的下拉菜单中选择“最大值”选项，选择区域后用“=MAX(B3:F3)”计算销售人员的最大销售额，该列其他单元格利用填充柄进行填充 用 MIN 函数计算出每名销售人员的最小销售额，将鼠标光标定位于 I3 单元格，单击“公式”选项卡，在“函数库”组中单击“自动求和”按钮，在弹出的下拉菜单中选择“最小值”选项，选择区域后用“=MIN(B3:F3)”计算销售人员的最小销售额，该列其他单元格利用填充柄进行填充 求每名销售人员的平均销售额，将鼠标光标定位于 J3 单元格，单击“公式”选项卡，在“函数库”组中单击“自动求和”按钮，在弹出的下拉菜单选择“平均值”选项，选择求平均值区域“=AVERAGE(B3:F3)”，计算销售人员的平均销售额，该列其他单元格利用填充柄进行填充 在 K3 单元格中输入公式 =RANK(J3,$J$3:$J$12)，根据平均销售额计算出销售人员的销售排名，该列其他单元格利用类似方法计算销售排名
3	格式化工作表	选定 A1:K1 单元格，单击“合并后居中”按钮，设置行高为 40，打开“设置单元格格式”对话框，设置字体为方正舒体、字号为 22 设置第二行行高为 33、字体为华文楷体、字号为 14，为 A2:K2 单元格设置黄色底纹 设置 A3:A12 行高为 20，选定 A2:K12 单元格，打开“设置单元格格式”对话框，设置所有数据水平和垂直方向居中

续表

序号	操作步骤	内容
3	格式化工作表	选定 A2:K12 单元格，打开“设置单元格格式”对话框，添加内部为实线、外部为双实线的边框 打开“页面设置”对话框，设置左右页边距均为 0.3、页面为横向 调节各列为最合适宽度 选定 B3:J12 单元格，添加人民币符号
4	插入工作表并重命名	插入三张工作表，并重命名工作表，设置三张工作表表名分别为排序、自动筛选、高级筛选，复制第一张工作表的内容分别粘贴到其他三张工作表中
5	处理数据	排序：选定“排序”工作表，按“销售额”列数据从小到大排列记录。将鼠标光标插入有数据的任意单元格，单击“数据”选项卡下“排序和筛选”组中的“排序”按钮，弹出“排序”对话框，在该对话框中设置排序依据为“销售额”、次序为“升序” 自动筛选：筛选出“冰箱 >60 000 且电风扇 >60 000”的记录。选定“自动筛选”工作表，将鼠标光标插入有数据的任意单元格，单击“数据”选项卡下“排序和筛选”组中的“筛选”按钮，在表头各列数据旁出现下拉三角，单击“冰箱”列中的右侧下拉三角，在弹出的菜单中选择“数字筛选”，之后选择“大于”选项，弹出“自定义自动筛选”对话框，输入数据 60 000。“电风扇”列的自动筛选设置方法与此类似 高级筛选：选定“高级筛选”工作表，复制表头字段到数据的最下方，在表头相应字段下方设置条件“彩电 >70 000、空调 <50 000”，单击“数据”选项卡下“排序和筛选”组中的“高级”按钮，弹出“高级筛选”对话框，在该对话框中设置列表区域为 \$A\$2:\$K\$12、条件区域为 \$A\$14:\$K\$15、复制到为 \$A\$16
6	保存工作簿	保存工作簿并退出 Excel 2021

五、操作要点记录

在表 12-3 中记录本实训项目的操作要点。

表 12-3　操作要点记录

序号	操作要点	备注

六、运行与修改记录

运行并修改工作簿，排除出现的错误，并在表 12-4 中做好记录。

表 12-4　运行与修改记录

序号	出现错误	错误原因	处理方法

七、实训评价

本实训项目完成后，学生展示表格计算与处理成果，解说在完成项目过程中的心得体会。展示结束后，从职业素养、专业能力、工作成果等方面对该实训项目进行评价，采用自我评价、小组评价、教师评价相结合的多元评价方式，见表 12-5。

表 12-5　实训评价

<table>
<tr><th rowspan="2">序号</th><th rowspan="2" colspan="2">评价内容</th><th rowspan="2">配分 / 分</th><th colspan="3">评价分数</th></tr>
<tr><th>自我评价（占比 30%）</th><th>小组评价（占比 30%）</th><th>教师评价（占比 40%）</th></tr>
<tr><td>1</td><td colspan="2">对实训项目的分析准确到位</td><td>10</td><td></td><td></td><td></td></tr>
<tr><td>2</td><td colspan="2">能熟练使用函数计算数据</td><td>20</td><td></td><td></td><td></td></tr>
<tr><td>3</td><td colspan="2">能熟练使用公式计算数据</td><td>20</td><td></td><td></td><td></td></tr>
<tr><td>4</td><td colspan="2">能熟练处理数据</td><td>20</td><td></td><td></td><td></td></tr>
<tr><td>5</td><td colspan="2">能熟练格式化数据</td><td>10</td><td></td><td></td><td></td></tr>
<tr><td>6</td><td colspan="2">能正确设置单元格区域</td><td>10</td><td></td><td></td><td></td></tr>
<tr><td>7</td><td colspan="2">能正确展示及解说项目成果</td><td>10</td><td></td><td></td><td></td></tr>
<tr><td colspan="2">学生姓名</td><td></td><td colspan="2">综合评分</td><td colspan="2"></td></tr>
</table>

八、巩固与练习

1. 选择题

（1）在 Excel 2021 中，利用公式计算数据时必须先输入一个（　　）。

A. =　　B. *　　C. %　　D. #

（2）在 Excel 2021 中，绝对引用符号为（　　）。

A. @　　B. #　　C. $　　D. &

（3）在 Excel 2021 中，下列属于混合引用的是（　　）。

A. H3　　B. $D4　　C. $F$6　　D. G8

（4）在 Excel 2021 中，若在 A1 单元格中输入“中国”，在 B2 单元格中输入“富强”，在 C3 单元格中输入 =A1&B2，则 C3 单元格中显示的是（　　）。

A. 中国　　B. 富强

C. 中国富强　　D. 中国 & 富强

（5）在 Excel 2021 中求平均值的函数为（　　）。

A. SUM( )　　B. MAX( )　　C. AVERAGE( )　　D. IF( )

（6）在 Excel 2021 中，复制数据后可以进行选择性粘贴，可以粘贴为（　　）。

A. 全部　　B. 公式

C. 数值　　D. 以上都对

（7）在 Excel 2021 中，填充柄可以复制（　　）。

A. 数据　　B. 公式

C. 格式　　D. 以上都对

（8）在 Excel 2021 中，默认情况下排序是按（　　）排序的。

A. 字母　　B. 笔画　　C. 拼音　　D. 部首

（9）在 Excel 2021 中筛选出符合条件的记录后，其他记录将被（　　）。

A. 丢失　　B. 隐藏

C. 删除　　D. 以上都不对

（10）在 Excel 2021 中，与 =SUM(B2:B5) 计算结果不相同的是（　　）。

A. =B2+B3+B4+B5　　B. =SUM(B2,B3,B4,B5)

C. B2+B3+B4+B5　　D. =SUM(B2+B3+B4+B5)

（11）在 Excel 2021 中，与 C3:E6 表示相同的单元格区域是（　　）。

A. E6:C3　　B. E3:C6

C. C6:E3　　D. 以上都对

2. 操作题

打开素材“岗前培训成绩表 .xlsx”，对工作表中的数据进行计算并格式化数据，最

后对数据进行排序和筛选。具体要求如下：

（1）分别用公式计算出每个学生的平均分、最高分、最低分和总分，平均分要保留一位小数。

（2）根据总分用公式对每位学生排名。

（3）用公式对每位学生进行等级评定：总分大于等于265，等级为“优”；总分大于等于250，等级为“良”；否则，等级为“合格”。

（4）选定A1:L1单元格，单击“合并后居中”按钮，设置字体为华文楷体、字号为24、行高为50。

（5）选定A2:L2单元格，设置字体为方正姚体、字号为12、行高为30。

（6）选定A2:L17单元格，设置所有数据为水平和垂直方向居中。

（7）选定A2:L17单元格，添加内部为单实线、外部为双实线的边框。

（8）调节所有列宽为最合适宽度。

岗前培训成绩表计算与格式化最终效果如图12-6所示。

2022年XX学院学生岗位实习岗前培训成绩表

序号	姓名	性别	职业道德	安全教育	规章制度	平均分	最高分	最低分	总分	排名	等级
001	钟爱琳	女	90	79	98	89.0	98	79	267	3	优
002	黄文明	男	83	88	96	89.0	96	83	267	3	优
003	肖雅丽	女	88	87	93	89.3	93	87	268	2	优
004	张芝惠	女	91	69	89	83.0	91	69	249	14	合格
005	秦发春	男	95	79	90	88.0	95	79	264	5	良
006	周梦佳	女	80	78	88	82.0	88	78	246	15	合格
007	李　易	男	86	82	96	88.0	96	82	264	5	良
008	蒋莎莎	女	78	85	87	83.3	87	78	250	13	良
009	汤文佳	男	89	89	84	87.3	89	84	262	7	良
010	文程胜	男	75	91	85	83.7	91	75	251	12	良
011	刘半仙	男	92	90	88	90.0	92	88	270	1	优
012	贺小峰	男	87	94	79	86.7	94	79	260	8	良
013	肖　涵	女	85	92	81	86.0	92	81	258	10	良
014	刘彦君	女	94	80	86	86.7	94	80	260	8	良
015	邓之成	男	83	85	90	86.0	90	83	258	10	良

图12-6　岗前培训成绩表计算与格式化最终效果

（9）新建 3 张工作表，分别重命名为排序、自动筛选、高级筛选，复制岗前培训成绩表计算与格式化后的内容，分别粘贴到新建的 3 张工作表中。

（10）选定“排序”工作表，设置图 12-7 所示的条件，对数据进行排序。

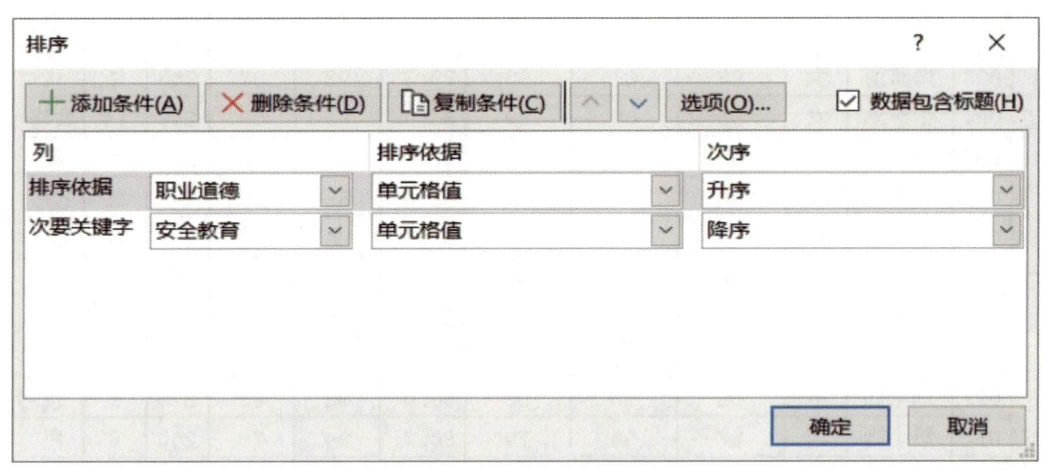

图 12-7　“排序”对话框

（11）选定“自动筛选”工作表，筛选出“安全教育”>80 分、“规章制度”>85 分的记录，如图 12-8 所示。

2022年XX学院学生岗位实习岗前培训成绩表

	A	B	C	D	E	F	G	H	I	J	K	L
2	序	姓名	性	职业道	安全教	规章制	平均	最高	最低	总	排	等
4	002	黄文明	男	83	88	96	89.0	96	83	267	3	优
5	003	肖雅丽	女	88	87	93	89.3	93	87	268	2	优
9	007	李　易	男	86	82	96	88.0	96	82	264	5	良
10	008	蒋莎莎	女	78	85	87	83.3	87	78	250	13	良
13	011	刘半仙	男	92	90	88	90.0	92	88	270	1	优
17	015	邓之成	男	83	85	90	86.0	90	83	258	10	良

图 12-8　岗前培训成绩表自动筛选最终效果

（12）选定“高级筛选”工作表，筛选出所有科目 >85 分的记录，如图 12-9 所示。

	A	B	C	D	E	F	G	H	I	J	K	L
1	2022年XX学院学生岗位实习岗前培训成绩表											
2	序号	姓名	性别	职业道德	安全教育	规章制度	平均分	最高分	最低分	总分	排名	等级
3	001	钟爱琳	女	90	79	98	89.0	98	79	267	3	优
4	002	黄文明	男	83	88	96	89.0	96	83	267	3	优
5	003	肖雅丽	女	88	87	93	89.3	93	87	268	2	优
6	004	张芝惠	女	91	69	89	83.0	91	69	249	14	合格
7	005	秦发春	男	95	79	90	88.0	95	79	264	5	良
8	006	周梦佳	女	80	78	88	82.0	88	78	246	15	合格
9	007	李　易	男	86	82	96	88.0	96	82	264	5	良
10	008	蒋莎莎	女	78	85	87	83.3	87	78	250	13	良
11	009	汤文佳	男	89	89	84	87.3	89	84	262	7	良
12	010	文程胜	男	75	91	85	83.7	91	75	251	12	良
13	011	刘半仙	男	92	90	88	90.0	92	88	270	1	优
14	012	贺小峰	男	87	94	79	86.7	94	79	260	8	良
15	013	肖　涵	女	85	92	81	86.0	92	81	258	10	良
16	014	刘彦君	女	94	80	86	86.7	94	80	260	8	良
17	015	邓之成	男	83	85	90	86.0	90	83	258	10	良
18												
19	序号	姓名	性别	职业道德	安全教育	规章制度	平均分	最高分	最低分	总分	排名	等级
20				>85	>85	>85						
21	序号	姓名	性别	职业道德	安全教育	规章制度	平均分	最高分	最低分	总分	排名	等级
22	003	肖雅丽	女	88	87	93	89.3	93	87	268	2	优
23	011	刘半仙	男	92	90	88	90.0	92	88	270	1	优

图 12-9　岗前培训成绩表高级筛选最终效果

实训项目十三
设置与打印岗位实习学生情况表

一、实训项目介绍

某学院学生处小李需对岗位实习学生情况表进行设置，以便打印输出。

具体要求如下：打开素材“岗位实习学生情况表 .xlsx”，进行纸张大小、页边距、打印标题、打印方向、打印预览等基本设置以及页眉、页脚等特殊设置，使文档能一目了然地打印在纸上，岗位实习学生情况表最终效果如图 13-1 所示。

岗位实习学生情况表

2022年××学院岗位实习学生情况表

序　号	学生姓名	性 别	年 龄	专　业	实习单位	实习日期	实习成绩	备注
001	钟爱琳	女	18	计算机广告	湖南衡阳	2022/5/25	优	
002	黄文明	男	19	计算机软件	广东深圳	2022/5/28	良	
003	肖雅丽	女	20	计算机广告	湖南衡阳	2022/5/25	优	
004	张芝惠	女	18	计算机网络	广东佛山	2022/5/20	良	
005	秦发春	男	20	计算机广告	湖南衡阳	2022/5/25	优	
006	周梦佳	女	18	计算机网络	广东佛山	2022/5/20	合格	
007	李　易	男	20	计算机软件	广东深圳	2022/5/28	良	
008	蒋莎莎	女	19	计算机广告	湖南长沙	2022/5/26	优	
009	汤文佳	男	20	计算机网络	广东佛山	2022/5/20	合格	
010	文程胜	男	18	计算机软件	广东中山	2022/5/22	优	
011	刘半仙	男	20	计算机软件	广东中山	2022/5/22	合格	
012	贺小峰	男	19	计算机网络	广东东莞	2022/6/5	良	
013	肖　涵	女	18	计算机广告	湖南长沙	2022/5/26	优	
014	刘彦君	女	19	计算机网络	广东东莞	2022/6/5	合格	
015	邓之成	男	18	计算机软件	广东深圳	2022/5/28	良	

第1页，共1页

图 13-1　岗位实习学生情况表最终效果

二、实训项目分析

要完成本实训项目，应按照图 13-2 所示的思维导图复习教材中学到的知识点和技能点。

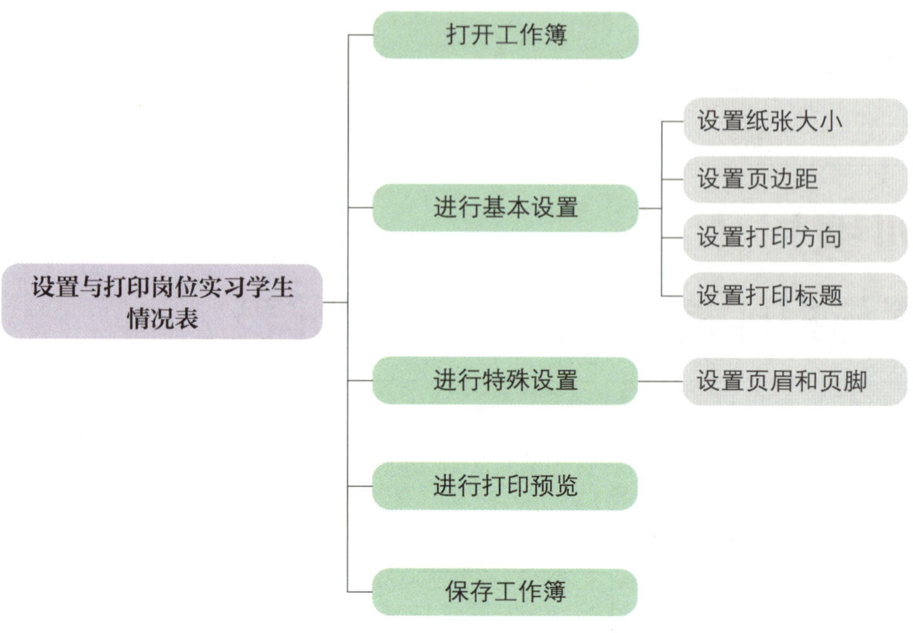

图 13-2 项目思维导图

为完成本实训项目，需打开“岗位实习学生情况表.xlsx”，进行基本设置和特殊设置。

在完成本实训项目的过程中，应重点注意设置打印标题包括设置顶端标题行和从左侧重复的列数，相关设置在“页面设置”对话框中进行，其效果在打印预览中可见。

三、实训计划制订

根据实训项目分析，学生自己制订完成本实训项目的实训计划，并填写在表 13-1 中。

表 13-1 实训计划

序号	工作内容	所需时间

四、操作步骤提示

本实训项目的操作步骤提示见表 13-2。

表 13–2　操作步骤提示

序号	操作步骤	内容
1	打开工作簿	打开素材“岗位实习学生情况表 .xlsx”
2	进行基本设置	设置纸张大小和页边距：打开“页面设置”对话框，设置页边距上下左右分别为 2、2、1.5、1.5，页眉和页脚都为 1，纸张大小为 A4，方向为纵向 设置打印标题：打开“页面设置”对话框，选定“工作表”选项卡，设置打印标题的“顶端标题行”为第 2 行（$2:$2）
3	进行特殊设置	设置页眉和页脚：打开“页面设置”对话框，单击“页眉 / 页脚”选项卡，设置页眉为：岗位实习学生情况表，设置页脚为：第 1 页，共? 页
4	进行打印预览	打开“页面设置”对话框，单击“打印预览”按钮，可以查看设置效果
5	保存工作簿	保存工作簿并退出 Excel 2021

五、操作要点记录

在表 13–3 中记录本实训项目的操作要点。

表 13–3　操作要点记录

序号	操作要点	备注

六、运行与修改记录

运行并修改工作簿，排除出现的错误，并在表 13–4 中做好记录。

表 13–4　运行与修改记录

序号	出现错误	错误原因	处理方法

续表

序号	出现错误	错误原因	处理方法

七、实训评价

本实训项目完成后，学生展示表格设置与打印成果，解说在完成项目过程中的心得体会。展示结束后，从职业素养、专业能力、工作成果等方面对该实训项目进行评价，采用自我评价、小组评价、教师评价相结合的多元评价方式，见表 13–5。

表 13–5 实训评价

序号	评价内容	配分 / 分	评价分数		
			自我评价（占比 30%）	小组评价（占比 30%）	教师评价（占比 40%）
1	对实训项目的分析准确到位	20			
2	能熟练进行表格的基本设置	20			
3	能熟练进行表格的特殊设置	20			
4	能熟练打印工作表	20			
5	能正确展示及解说项目成果	20			
学生姓名		综合评分			

八、巩固与练习

1. 选择题

（1）在 Excel 2021 中，观察打印效果可通过（　　）来实现。

A. 打印设置　　B. 打印预览　　C. 格式化　　D. 页面布局

（2）若一张工作表有多页，为方便观察，需设置（　　）。

A. 顶端标题行　　B. 左侧标题列　　C. 打印标题　　D. 以上都对

（3）在 Excel 2021 中，（　　）打印不同工作簿中的多张工作表。

A. 能　　B. 不能　　C. 有时能有时不能　　D. 以上都不对

（4）在 Excel 2021 中，设置（　　）可以在“页面设置”对话框中实现。

A. 单色打印　　B. 草稿质量　　C. 打印注释　　D. 以上都对

（5）在 Excel 2021 中，下列说法中正确的是（　　）。

A. 可以不打印零值　　　　B. 可以只打印公式

C. 页眉和页脚内容可打印出来　　　　D. 以上都对

2. 操作题

打开素材“×× 系教职员工通讯录 .xlsx”，对工作表进行打印设置，具体要求如下：设置页边距为“宽”；设置在工作表末尾打印注释；在第 5 行之上插入分页符，设置每一页都打印“顶端标题行”；设置打印方向为纵向；设置页眉为：×× 系教职员工通讯录，设置页脚为：第 1 页，共？页。设置完成后保存工作簿，进行打印设置的 ×× 系教职员工通讯录最终效果如图 13-3 所示。

××系教职员工通讯录

序号	姓名	性别	手机号码	职称	家庭住址	是否共产党员
01	贺小利	女	10874749836	副高	衡阳	是
02	王得满	男	10711433158	讲师	长沙	否
03	左三秀	女	10978654315	助讲	衡阳	是

第 1 页，共 3 页

××系教职员工通讯录

序号	姓名	性别	手机号码	职称	家庭住址	是否共产党员
04	谢朝盈	男	10078653349	副高	邵阳	否
05	唐文静	女	10278608879	讲师	衡阳	是
06	陈诗语	女	10923456790	讲师	衡阳	是

第 2 页，共 3 页

××系教职员工通讯录

单元格：G1
批注：是共产党员填是，不是共产党员填否。

第3页，共3页

图 13-3　进行打印设置的 ×× 系教职员工通讯录最终效果

第三篇

PowerPoint 2021

实训项目十四
制作公司简介演示文稿

一、实训项目介绍

某旅行公司员工小李需制作公司简介演示文稿，要求该演示文稿包括公司概况、经营业务、公司理念、业务创新和公司团队等方面的内容，用于在公开场合进行宣传使用。

具体要求如下：启动 PowerPoint 2021 软件并新建一个空白演示文稿，将素材“公司简介 .docx”有关文字复制、粘贴到幻灯片中，为每张幻灯片选择合适的版式和主题，设置每张幻灯片的字体和字号，通过不同的视图方式查看演示文稿的效果并进行调整，使其符合要求。公司简介演示文稿最终效果如图 14–1 所示。

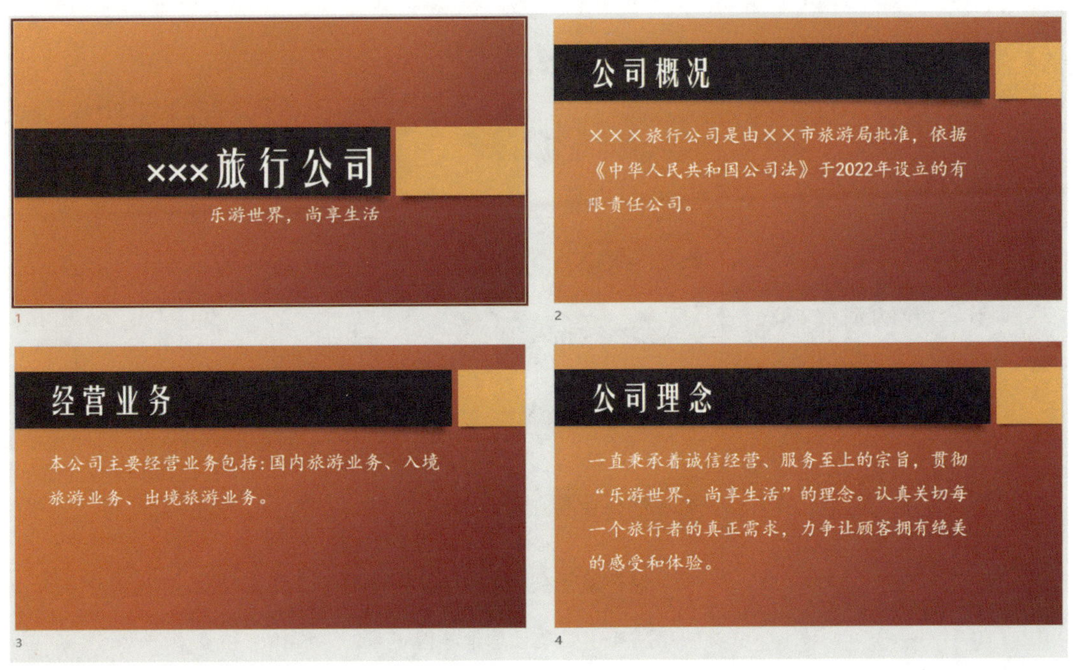

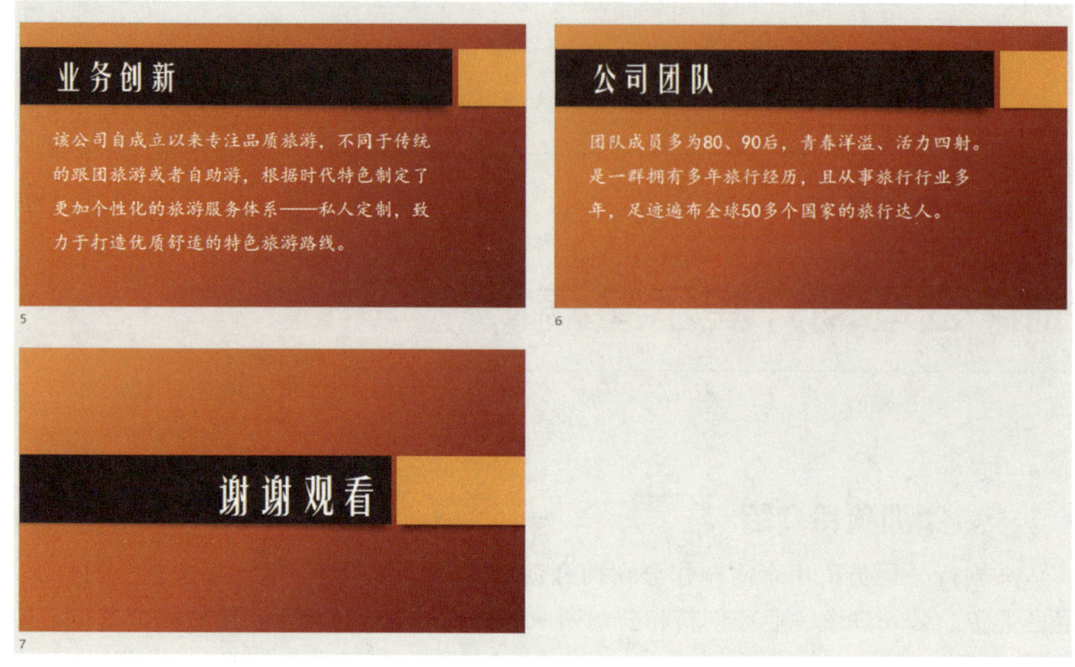

图 14-1　公司简介演示文稿最终效果

二、实训项目分析

要完成本实训项目，应按照图 14-2 所示思维导图复习教材中学到的知识点和技能点。

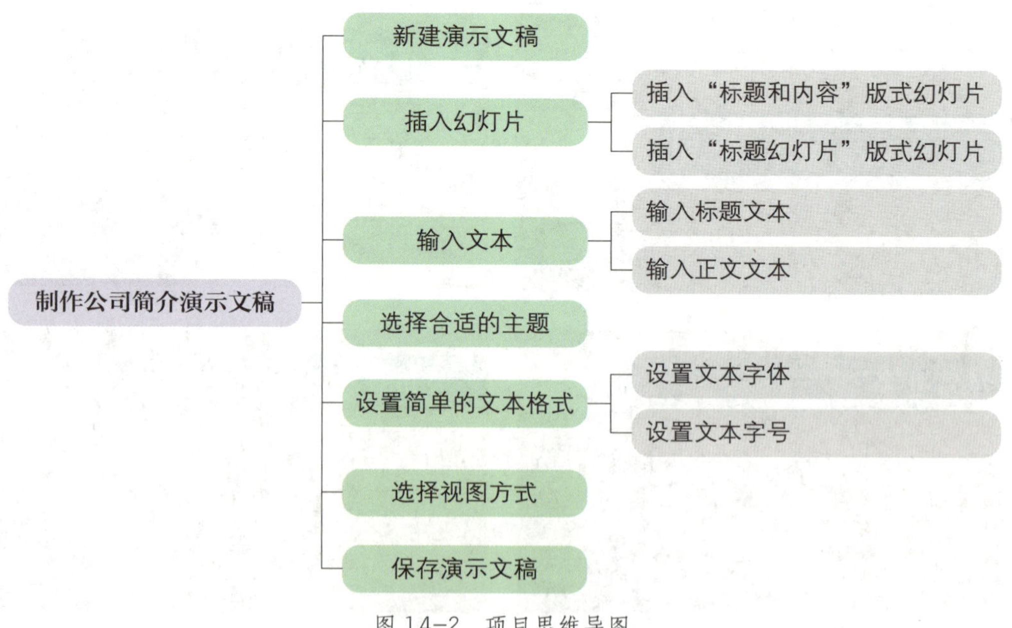

图 14-2　项目思维导图

为完成本实训项目，需启动 PowerPoint 2021，新建一个空白演示文稿，插入“标题和内容”版式幻灯片和“标题幻灯片”版式幻灯片，在每张幻灯片上输入对应的文本，选择合适的演示文稿主题，设置每张幻灯片的文本字体和字号，选择合适的演示文稿视图方式，保存演示文稿后退出 PowerPoint 2021。

在完成本实训项目的过程中，应注意掌握 PowerPoint 2021 的基本操作。在插入幻灯片时，默认插入的幻灯片版式为“标题和内容”版式，在插入最后一张幻灯片时要注意选择插入“标题幻灯片”版式的幻灯片；为演示文稿设置主题后，需更改主题默认的文本字体和字号。

三、实训计划制订

根据实训项目分析，学生自己制订完成本实训项目的实训计划，并填写在表 14-1 中。

表 14-1　实训计划

序号	工作内容	所需时间

四、操作步骤提示

本实训项目的操作步骤提示见表 14-2。

表 14-2　操作步骤提示

序号	操作步骤	内容
1	启动 PowerPoint 2021	方法 1：通过桌面的 PowerPoint 快捷方式图标启动 方法 2：通过单击 Windows 操作系统“开始”菜单中的“PowerPoint”启动 方法 3：在 Windows 操作系统搜索框中输入“PowerPoint”，搜索到 PowerPoint 并启动
2	新建空白演示文稿	在 PowerPoint 2021 启动界面中单击“空白演示文稿”按钮新建一个空白演示文稿

续表

序号	操作步骤	内容
3	插入“标题和内容”版式幻灯片	方法 1：打开“开始”选项卡或“插入”选项卡，单击“新建幻灯片”按钮插入一张幻灯片 方法 2：使用 Ctrl+M 快捷键插入一张幻灯片 （注意：插入的幻灯片默认为“标题和内容”版式）
4	插入“标题幻灯片”版式幻灯片	打开“开始”选项卡或“插入”选项卡，单击“新建幻灯片”按钮，在弹出的“幻灯片版式”下拉列表中选择“标题幻灯片”，插入“标题幻灯片”版式的幻灯片
5	输入文本	根据素材“公司简介 .docx”，在每张幻灯片中输入对应的文本
6	设置主题	打开“设计”选项卡，在“主题”列表中选择“柏林”主题
7	设置字体格式	设置字体：设置标题的字体为方正姚体、正文的字体为楷体 设置字号：设置第一张幻灯片和最后一张幻灯片的标题字号为 80、第一张幻灯片副标题的字号为 36，其他幻灯片标题的字号为 60、正文的字号为 36
8	选择“幻灯片浏览”视图方式	单击“视图”选项卡下的“幻灯片浏览”按钮，切换到幻灯片浏览视图
9	保存演示文稿	将演示文稿保存为“公司简介 .pptx” 方法 1：使用“文件”|“保存”（或“文件”|“另存为”）选项保存演示文稿 方法 2：单击快速访问工具栏中的“保存”按钮保存演示文稿 方法 3：使用 Ctrl+S 快捷键保存演示文稿
10	退出 PowerPoint 2021	方法 1：单击 PowerPoint 2021 操作界面右上角的“关闭”按钮退出 PowerPoint 方法 2：双击操作界面左上角退出 PowerPoint 方法 3：使用 Alt+F4 快捷键退出 PowerPoint

五、操作要点记录

在表 14-3 中记录本实训项目的操作要点。

表 14-3　操作要点记录

序号	操作要点	备注

六、运行与修改记录

运行并修改演示文稿，排除出现的错误，并在表 14-4 中做好记录。

表 14-4　运行与修改记录

序号	出现错误	错误原因	处理方法

七、实训评价

本实训项目完成后，学生展示演示文稿制作成果，解说在完成项目过程中的心得体会。展示结束后，从职业素养、专业能力、工作成果等方面对该实训项目进行评价，采用自我评价、小组评价、教师评价相结合的多元评价方式，见表 14-5。

表 14-5　实训评价

序号	评价内容	配分 / 分	评价分数		
			自我评价（占比 30%）	小组评价（占比 30%）	教师评价（占比 40%）
1	对实训项目的分析准确到位	20			
2	能熟练启动 PowerPoint 2021 并新建空白演示文稿	10			

续表

序号	评价内容	配分 / 分	评价分数		
			自我评价（占比 30%）	小组评价（占比 30%）	教师评价（占比 40%）
3	能熟练插入幻灯片	10			
4	能熟练输入文本并设置文本字体格式	20			
5	能选择合适的主题和视图方式	10			
6	能熟练保存演示文稿并退出 PowerPoint 2021	10			
7	能正确展示及解说项目成果	20			
学生姓名		综合评分			

八、巩固与练习

1. 选择题

（1）PowerPoint 2021 演示文稿文件的扩展名是（　　）。

A. DOCX　　B. PPTX　　C. BMP　　D. XLSX

（2）插入一张新幻灯片的快捷键是（　　）。

A. Ctrl+N　　B. Ctrl+M　　C. Alt+N　　D. Alt+M

（3）在 PowerPoint 2021 中打开一个演示文稿，对该演示文稿进行修改、执行“关闭”操作后（　　）。

A. 演示文稿被关闭，并自动保存修改后的内容

B. 演示文稿不能关闭，并提示出错

C. 演示文稿被关闭，修改后的内容不能保存

D. 弹出提示对话框，并询问是否保存对演示文稿的修改

（4）在一个演示文稿中选择了一张幻灯片，按下 Delete 键，则（　　）。

A. 这张幻灯片被删除，且不能恢复

B. 这张幻灯片被删除，但能恢复

C. 这张幻灯片被删除，但可以利用“回收站”恢复

D. 这张幻灯片被移动到回收站内

（5）在调整幻灯片中的文字大小时，阿拉伯数字表示字号的大小规律是（　　）。

A. 数字越大，字号越大

B. 数字越大，字号越小

C. 有部分数字越大其字号越大，还有部分数字越大其字号越小

D. 无规律

（6）在（　　）视图方式下，演示文稿中的幻灯片将以平铺的形式展现出来。

A. 普通　　B. 幻灯片浏览　　C. 备注页　　D. 阅读

2. 操作题

（1）使用素材“诗词欣赏 .docx”，在 PowerPoint 2021 中制作“诗词欣赏”演示文稿，具体要求如下：设置该演示文稿的第一张幻灯片和最后一张幻灯片的标题字体为隶书、字号为 96，设置副标题字体为仿宋、字号为 36；设置其他幻灯片的标题字体为隶书、字号为 60，设置其他幻灯片的正文字体为仿宋、字号为 36。将演示文稿主题设置为“环保”。制作完毕将该演示文稿保存为“诗词欣赏 .pptx”。

诗词欣赏演示文稿最终效果如图 14-3 所示。

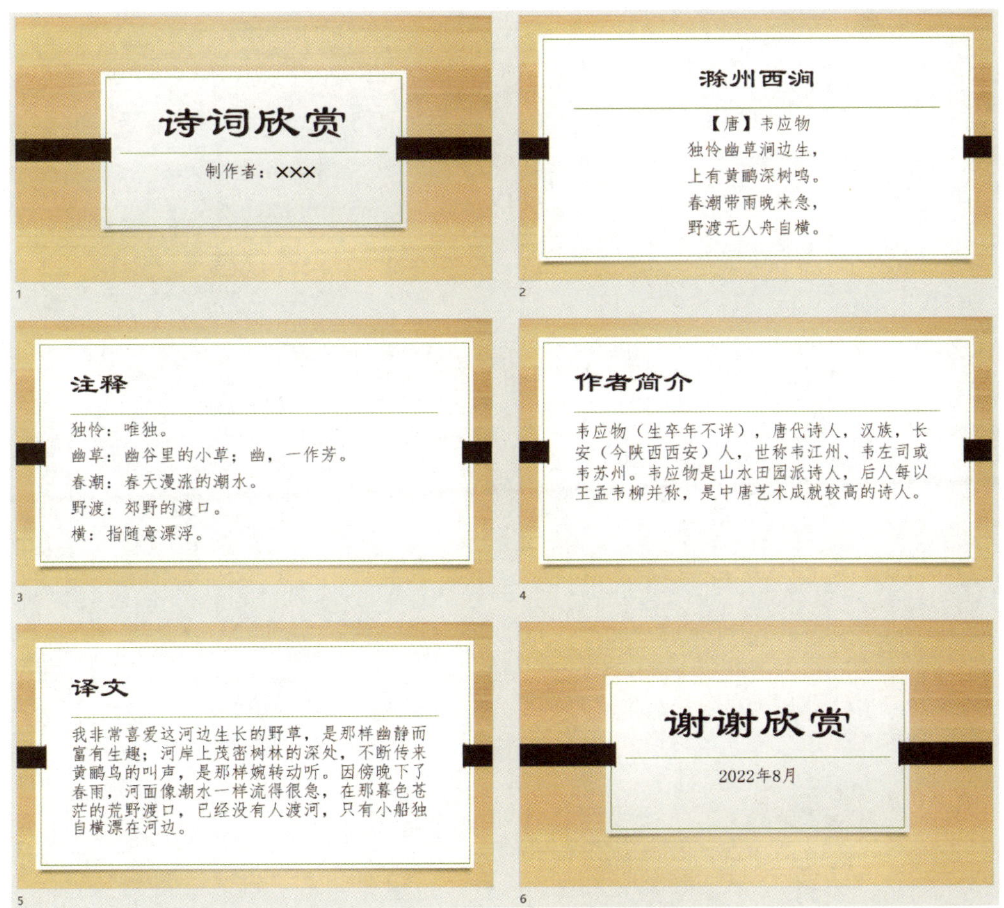

图 14-3　诗词欣赏演示文稿最终效果

（2）使用 PowerPoint 2021 制作个人简介演示文稿，具体要求如下：该演示文稿内容应包括个人基本信息、自我评价和所获荣誉等几方面，并给演示文稿中的每张幻灯片文本设置合适的字体和字号，还要为该演示文稿选择一个合适的主题。制作完毕将该演示文稿另存为“个人简介 .pptx”。

实训项目十五
制作产品介绍演示文稿

一、实训项目介绍

某手机公司宣传部员工小李需制作一个产品介绍演示文稿，要求该演示文稿包括性能特色、屏幕特色、影像特色、系统特色等方面的内容，用于在新品发布会上对公司推出的新款手机进行宣传介绍，让大众了解该款手机的特色。

具体要求如下：打开素材“产品介绍.pptx”，设置每张幻灯片的文本格式和段落格式，为第二张至第四张幻灯片的文本设置项目编号，为第五张幻灯片的文本设置编号，为第六张幻灯片的文本设置分栏。产品介绍演示文稿最终效果如图 15-1 所示。

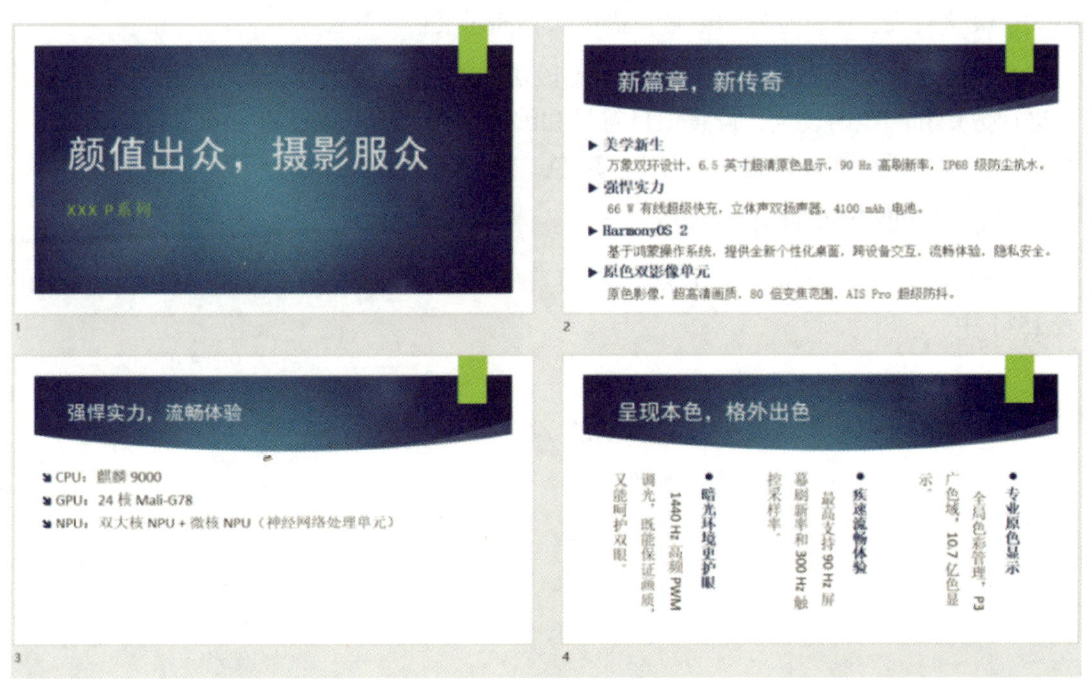

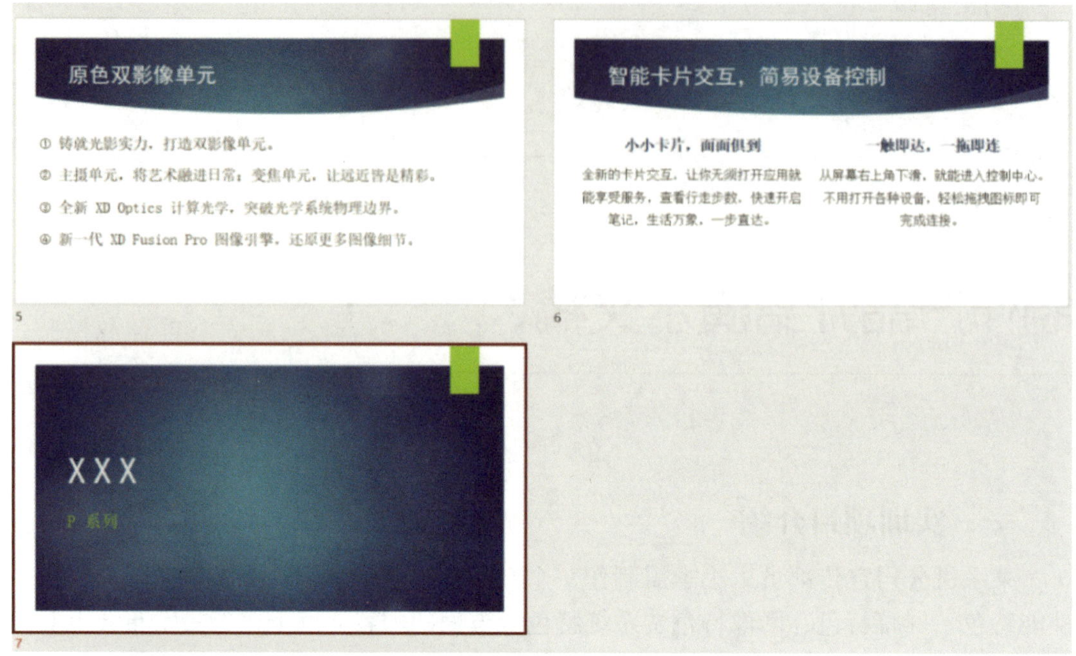

图 15-1　产品介绍演示文稿最终效果

二、实训项目分析

要完成本实训项目，应按照图 15–2 所示思维导图复习教材中学到的知识点和技能点。

为完成本实训项目，需要打开素材“产品介绍 .pptx”，给幻灯片上的文字设置文本格式、段落格式、项目符号和编号，最后保存演示文稿。

在完成本实训项目的过程中，应注意段落文本分栏的操作，可以使用“栏”对话框进行数量和间距的设置；设置项目符号和编号的操作，可以通过“项目符号和编号”对话框，调整项目符号和编号的大小、颜色，设置自定义项目符号等。

三、实训计划制订

根据实训项目分析，学生自己制订完成本实训项目的实训计划，并填写在表 15–1 中。

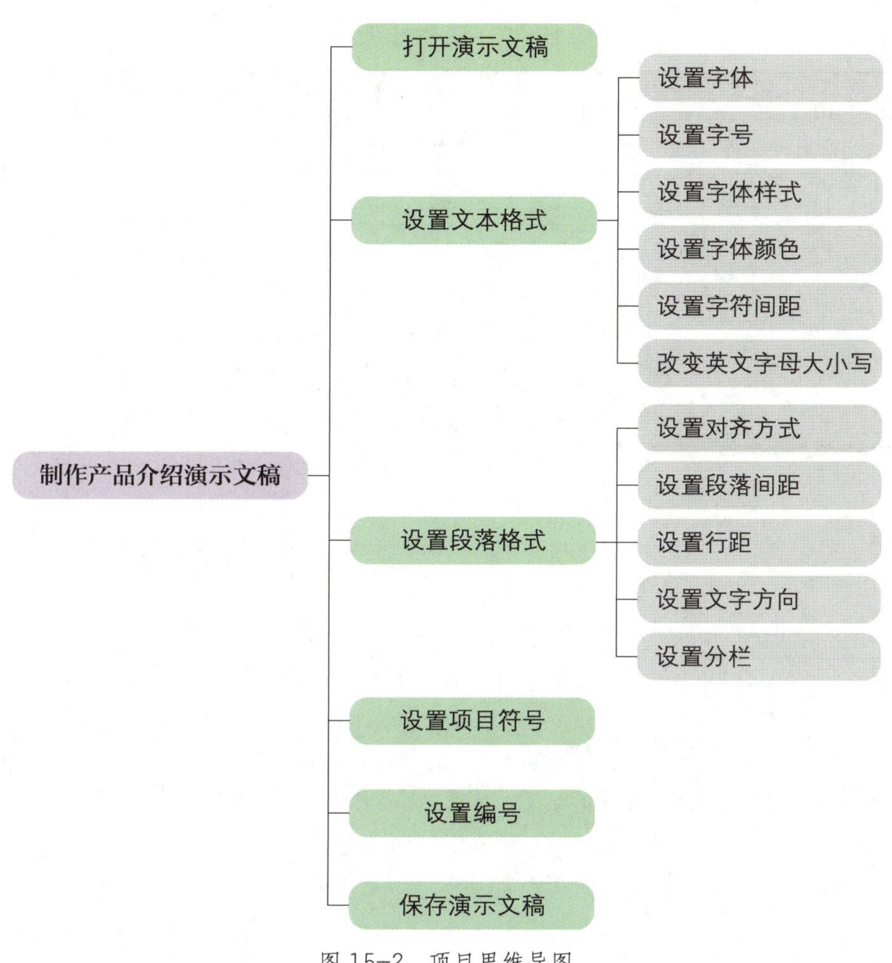

图 15-2　项目思维导图

表 15-1　实训计划

序号	工作内容	所需时间

四、操作步骤提示

本实训项目的操作步骤提示见表 15-2。

表 15-2 操作步骤提示

序号	操作步骤	内容
1	打开文件	打开素材“产品介绍 .pptx”演示文稿
2	选择主题	选择“离子会议室”主题
3	设置文本格式	设置文本格式的方法有：方法 1——使用“开始”选项卡下“字体”组中的功能按钮；方法 2——使用“字体”对话框 设置字体：设置所有幻灯片的标题字体为黑体、正文字体为宋体 设置字号：设置标题字号为 40、正文字号为 28 设置字体样式：将第二张至第六张幻灯片的副标题文字加粗 设置字体颜色：设置第二张至第六张幻灯片的副标题文字颜色为深蓝色 设置字符间距：设置第二张幻灯片的字符间距为稀疏、第六张幻灯片的字符间距为加宽 12 磅 改变大小写：更改第五张幻灯片英文首字母为大写
4	设置段落格式	设置段落格式的方法有：方法 1——使用“开始”选项卡下“段落”组中的功能按钮；方法 2——使用“段落”对话框 设置对齐方式：设置第六张幻灯片正文的对齐方式为居中、第一张和第七张幻灯片正文的对齐方式为中部对齐 设置段落间距和行距：设置第二张幻灯片正文的段前间距为 12 磅、行距为 1.1 倍，设置第三张至第六张幻灯片正文的行距为 1.5 倍 设置文字方向：设置第四张幻灯片正文的文字方向为竖排
5	设置项目符号	单击“开始”选项卡下“段落”组中的“项目符号”按钮，在下拉列表中选择“项目符号和编号”，打开“项目符号和编号”对话框，完成以下设置 设置自定义项目符号：单击“项目符号和编号”对话框中的“自定义”按钮，为第二张幻灯片正文副标题设置三角形项目符号，为第三张幻灯片正文副标题设置箭头项目符号，为第四张幻灯片正文副标题设置圆形项目符号 设置项目符号颜色：单击“项目符号和编号”对话框中的“颜色”按钮，在弹出的“颜色”下拉列表中选择深蓝色
6	设置编号	单击“开始”选项卡下“段落”组中的“编号”按钮，在弹出的下拉列表中为第五张幻灯片段落文本设置带圆圈编号
7	设置分栏	单击“开始”选项卡下“段落”组中的“添加或删除栏”按钮，将第六张幻灯片的正文文本设置为两栏；打开“栏”对话框，设置分栏间距为 1 厘米
8	保存演示文稿	保存演示文稿并退出 PowerPoint 2021

五、操作要点记录

在表 15–3 中记录本实训项目的操作要点。

表 15–3　操作要点记录

序号	操作要点	备注

六、运行与修改记录

运行并修改演示文稿，排除出现的错误，并在表 15–4 中做好记录。

表 15–4　运行与修改记录

序号	出现错误	错误原因	处理方法

七、实训评价

本实训项目完成后，学生展示演示文稿制作成果，解说在完成项目过程中的心得体会。展示结束后，从职业素养、专业能力、工作成果等方面对该实训项目进行评价，采用自我评价、小组评价、教师评价相结合的多元评价方式，见表 15–5。

表 15-5 实训评价

序号	评价内容	配分 / 分	评价分数		
			自我评价（占比 30%）	小组评价（占比 30%）	教师评价（占比 40%）
1	对实训项目的分析准确到位	20			
2	能熟练设置文本格式	10			
3	能熟练设置段落格式	10			
4	能熟练设置项目符号和编号	20			
5	能熟练设置分栏	20			
6	能正确展示及解说项目成果	20			
学生姓名		综合评分			

八、巩固与练习

1. 选择题

（1）在 PowerPoint 2021 中，不能在“字体”对话框中设置的是（　　）。

A. 文字颜色　B. 文字对齐格式　C. 文字字体　D. 文字大小

（2）单击“开始”选项卡下“字体”组中的（　　）按钮，可以调整选中文本的文字间距。

A.“字体”　B.“字符间距”　C.“行距 ”　D.“对齐文本”

（3）在“开始”选项卡下“段落”组中单击（　　）按钮，可以更改文字的方向。

A.“文字方向”　B.“居中”　C.“行距”　D.“对齐文本”

（4）在“开始”选项卡下“段落”组中单击（　　）按钮，可以为文本设置项目符号。

A.“文字方向”　B.“对齐文本”　C.“项目符号”　D.“编号”

（5）在“开始”选项卡下“段落”组中单击（　　）按钮，可以为文本设置编号。

A.“文字方向”　B.“对齐文本”　C.“项目符号”　D.“编号”

2. 操作题

（1）使用素材“入职培训 .pptx”制作入职培训演示文稿，具体要求如下：设置该演示文稿主题为“回顾”；设置第一张和最后一张幻灯片的标题字体为华文中宋、字号为 60、颜色为红色，设置副标题字体为宋体、字号为 24；设置第二张幻灯片的标题字体为华文中宋、字号为 80、颜色为红色，设置正文字体为宋体、字号 28；设置其他幻灯片的标题字体为华文中宋、字号为 36、颜色为红色，设置正文字体为宋体、字号为

24；设置第一张幻灯片和最后一张幻灯片的对齐方式为居中对齐；设置第二张幻灯片的正文行距为 3 倍，设置第三张至第六张幻灯片的正文行距为 1.5 倍；设置第二张幻灯片的文字方向为竖排，将英文字母改为大写；为第二张和第三张幻灯片的正文设置编号，为第四张至第六张幻灯片的正文设置项目符号。制作完毕将该演示文稿保存为“入职培训 .pptx”。

入职培训演示文稿最终效果如图 15-3 所示。

图 15-3　入职培训演示文稿最终效果

（2）使用 PowerPoint 2021 制作家乡介绍演示文稿，具体要求如下：该演示文稿应包括地理位置、历史传承、风土人情、地方特产等内容，并为演示文稿中的幻灯片设置文本格式和段落格式、项目符号和编号以及分栏。制作完毕将该演示文稿另存为“家乡介绍 .pptx”。

实训项目十六
制作销售业绩演示文稿

一、实训项目介绍

某公司销售部员工小李需制作销售业绩演示文稿，要求该演示文稿包括产品规格、销售数量、产品图片等方面的内容，数据呈现采用表格和图表的形式，用于在公司会议上进行汇报演示。

具体要求如下：启动 PowerPoint 2021 并新建空白演示文稿，插入三张幻灯片，设置演示文稿主题，在每张幻灯片的左上角位置插入 logo 图片，在第一张和第四张幻灯片上插入产品图片，在第二张幻灯片上制作产品规格表格，在第三张幻灯片上制作产品销售数量图表，在第四张幻灯片上插入艺术字。销售业绩演示文稿最终效果如图 16–1 所示。

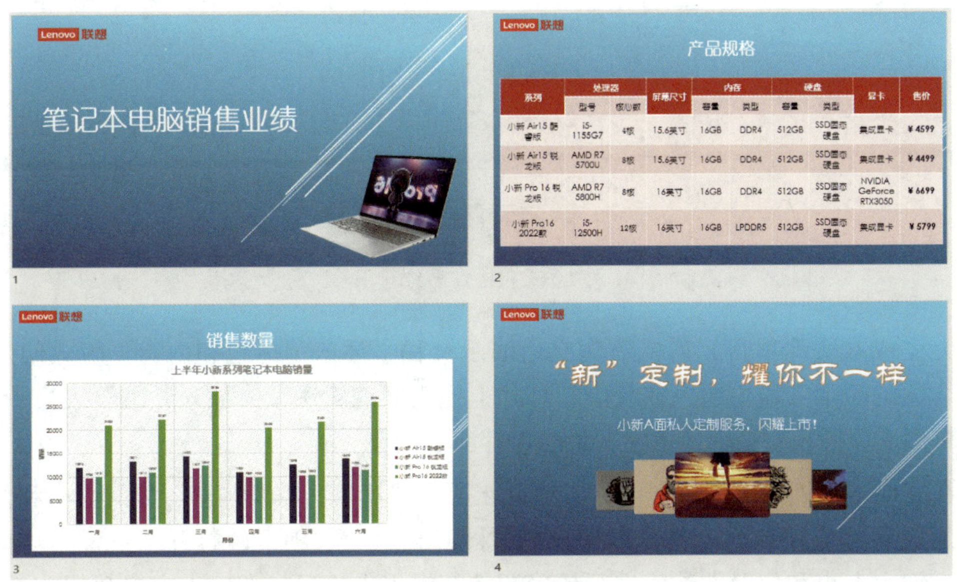

图 16–1　销售业绩演示文稿最终效果

二、实训项目分析

要完成本实训项目，应按照图 16-2 所示思维导图复习教材中学到的知识点和技能点。

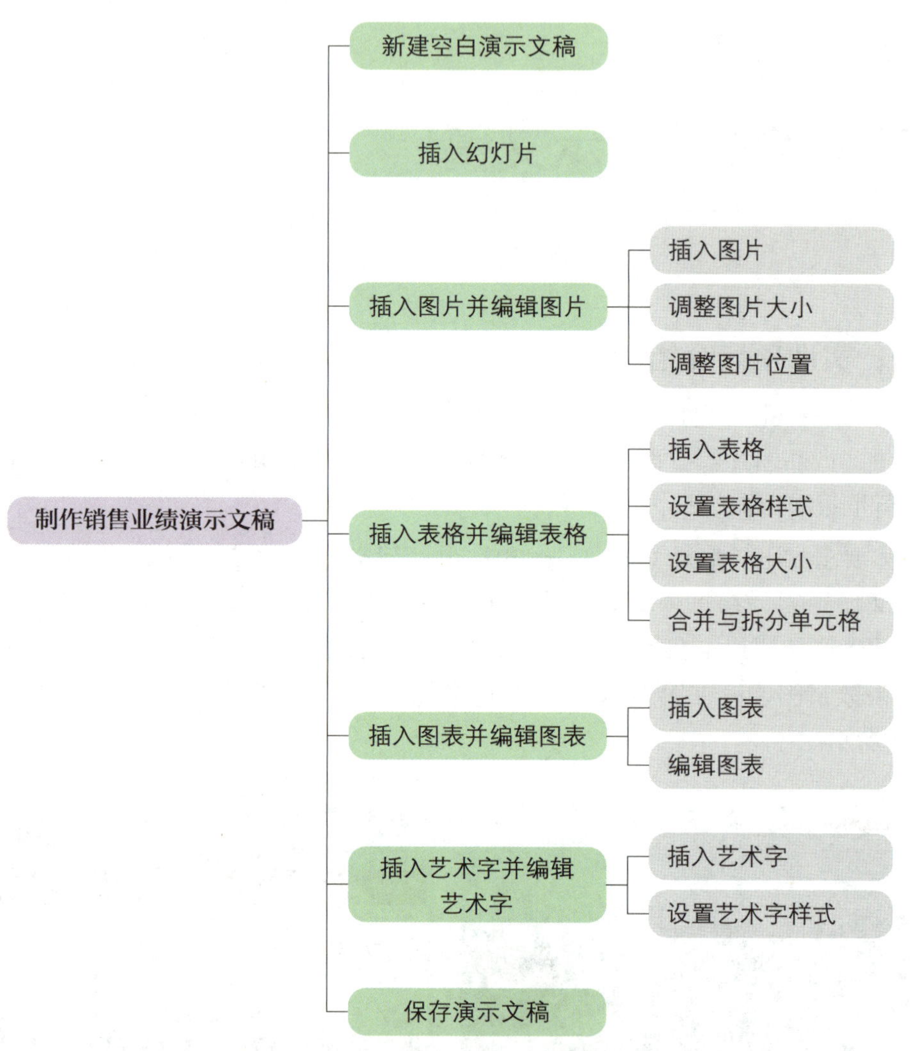

图 16-2 项目思维导图

为完成本实训项目，需要新建空白演示文稿，插入“标题和内容”版式幻灯片，选择合适的演示文稿主题，在相应幻灯片上插入并编辑图片、插入并编辑表格、插入并编辑图表、插入并编辑艺术字，最后保存演示文稿。

在完成本实训项目的过程中，应注意在插入图片后，需要调整图片的大小和位置，可以通过鼠标直接调整，也可以切换到“图片格式”选项卡，打开“设置图片格式”窗格，输入大小和位置的数值进行精确调整；插入表格后，在输入表格数据前需要合并指定的单元格，输入表格数据后，需要切换到“表设计”选项卡，选择合适的表格样式美化表格；插入图表后，需要切换到“图表设计”选项卡，编辑图表标题、图表样式和数据标签；插入艺术字后，需要切换到“形状格式”选项卡，设置艺术字阴影效果。

三、实训计划制订

根据实训项目分析，学生自己制订完成本实训项目的实训计划，并填写在表 16–1 中。

表 16–1　实训计划

序号	工作内容	所需时间

四、操作步骤提示

本实训项目的操作步骤提示见表 16–2。

表 16–2　操作步骤提示

序号	操作步骤	内容
1	新建空白演示文稿	启动 PowerPoint 2021，新建空白演示文稿
2	插入幻灯片	插入三张“标题和内容”版式幻灯片
3	选择主题	选择“切片”主题
4	插入图片并编辑图片	选择第一张幻灯片，插入素材“logo.png”和“联想小新 .png”，并调整图片的大小和位置；选择最后一张幻灯片，插入素材“定制 .png”，并调整图片的大小和位置；依次选择第二张至第四张幻灯片，插入素材“logo.png”，并调整图片的大小和位置 插入图片的方法：打开“插入”选项卡，单击“图像”组中的“图片”按钮，在下拉菜单中选择“此设备”，在弹出的“插入图片”对话框中找到指定的图片并插入到幻灯片中 调整图片位置的方法：方法 1——选中图片，按住鼠标不放并移动鼠标，改变图片的位置；方法——选中图片，打开“图片格式”选项卡，单击“大小”组右下侧的启动按钮，打开“设置图片格式”窗

续表

序号	操作步骤	内容
4	插入图片并编辑图片	格，在“位置”选项中输入水平位置数值和垂直位置数值，改变图片的位置 调整图片大小的方法：方法1——选中图片，拖动图片四周的控制点，改变图片的大小；方法2——选中图片，打开“图片格式”选项卡，在“大小”组中输入宽度数值和高度数值，改变图片的大小
5	插入并编辑表格	选择第二张幻灯片，插入一个6行10列的表格，合并指定单元格，输入表格数据，设置单元格文本对齐方式为“水平居中”和“垂直居中”，设置表格样式为“中度样式2- 强调6” 插入表格的方法：方法1——打开“插入”选项卡，单击“表格”按钮，在弹出的下拉菜单中使用鼠标框选的方法插入表格；方法2——打开“插入”选项卡，单击“表格”按钮，在弹出的下拉菜单中单击“插入表格”，在弹出的“插入表格”对话框中输入列数和行数，插入表格；方法3——打开“插入”选项卡，单击“表格”按钮，在弹出的下拉菜单中单击“绘制表格”，在幻灯片上绘制表格 合并单元格的方法：方法1——选中要合并的单元格，打开“布局”选项卡，单击“合并”组中的“合并单元格”按钮，合并单元格；方法2——选中要合并的单元格后单击鼠标右键，在弹出的快捷菜单中选择“合并单元格” 设置表格样式的方法：打开“表设计”选项卡，单击“表格样式”组中的“其他”按钮，在弹出的表格样式下拉列表中选择合适的表格样式
6	插入并编辑图表	选择第三张幻灯片，打开“插入”选项卡，单击“插图”组中的“图表”按钮，在弹出的“插入图表”对话框中选择“柱形图”|“簇状柱形图”，插入图表，并编辑图表数据、修改图表标题、修改图例位置、添加数据标签，设置图表样式为“样式7” 编辑图表数据：方法1——打开“图表设计”选项卡，单击“编辑数据”按钮，在弹出的下拉菜单中选择“编辑数据”，将素材“销售量.xlsx”中的数据复制到图表下方的Excel表格中；方法2——在图表上单击鼠标右键，在弹出的快捷菜单中选择“编辑数据”，将素材“销售量.xlsx”中的数据复制到图表下方的Excel表格中 切换行/列：打开“图表设计”选项卡，单击“切换行/列”按钮，切换图表的行和列 修改图表标题：选中图表标题，将文字修改为“上半年小新系列笔记本电脑销量” 修改图例位置：方法1——打开“图表设计”选项卡，单击“添加图表元素”按钮，在弹出的下拉菜单中选择“图例”|“右侧”；方法2——在图表中的“图例”上单击鼠标右键，在弹出的快捷菜单中

续表

序号	操作步骤	内容
6	插入并编辑图表	选择“设置图例格式”，打开“设置图例格式”窗格，在“图例位置”选项中选择“靠右” 添加数据标签：方法1——打开“图表设计”选项卡，单击“添加图表元素”按钮，在弹出的下拉菜单中选择“数据标签”｜“数据标签外”；方法2——在图表上选中要添加数据标签的柱状图形并单击鼠标右键，在弹出的快捷菜单中选择“添加数据标签” 设置图表样式：打开“图表设计”选项卡，单击“图表样式”组中的“其他”按钮，在弹出的图表样式下拉列表中选择合适的图表样式
7	插入并编辑艺术字	选择第四张幻灯片，打开“插入”选项卡，单击“文本”组中的“艺术字”按钮，在弹出的艺术字样式下拉列表中选择第一行第四个样式，并输入文字：“新”定制，耀你不一样 设置艺术字字体为华文隶书、字号为72 设置艺术字形状格式：打开“形状格式”选项卡，单击“艺术字样式”组中的“文本效果”按钮，在弹出的下拉菜单中选择“阴影”｜“透视：左上”
8	保存演示文稿	将演示文稿另存为“销售业绩.pptx”并退出PowerPoint 2021

五、操作要点记录

在表16–3中记录本实训项目的操作要点。

表16–3　操作要点记录

序号	操作要点	备注

六、运行与修改记录

运行并修改演示文稿，排除出现的错误，并在表16–4中做好记录。

表 16-4 运行与修改记录

序号	出现错误	错误原因	处理方法

七、实训评价

本实训项目完成后，学生展示演示文稿制作成果，解说在完成项目过程中的心得体会。展示结束后，从职业素养、专业能力、工作成果等方面对该实训项目进行评价，采用自我评价、小组评价、教师评价相结合的多元评价方式，见表 16–5。

表 16–5 实训评价

序号	评价内容	配分 / 分	评价分数		
			自我评价（占比 30%）	小组评价（占比 30%）	教师评价（占比 40%）
1	对实训项目的分析准确到位	20			
2	能熟练插入并编辑图片	10			
3	能熟练插入并编辑表格	20			
4	能熟练插入并编辑图表	20			
5	能熟练使用艺术字	10			
6	能正确展示及解说项目成果	20			
学生姓名		综合评分			

八、巩固与练习

1. 选择题

（1）要在幻灯片中插入图片，可以使用“插入”选项卡下的（　　）按钮。

A. “图片”　　B. “形状”　　C. “图表”　　D. “艺术字”

（2）要在幻灯片中插入表格，可以使用“插入”选项卡下的（　　）按钮。

A. “图片”　　B. “表格”　　C. “图表”　　D. “艺术字”

（3）要在幻灯片中插入图表，可以使用“插入”选项卡下的（　　）按钮。

A.“图片”　　B.“表格”　　C.“图表”　　D.“艺术字”

（4）要在幻灯片中插入艺术字，可以使用“插入”选项卡下的（　　）按钮。

A.“图片”　　B.“形状”　　C.“图表”　　D.“艺术字”

（5）在“图片格式”选项卡下单击“调整”组中的（　　）按钮，选择“设置透明色”，可以将图片的某种颜色设置为透明色。

A.“校正”　　B. 颜色　　C.“艺术效果”　　D. 透明度

2. 操作题

（1）使用素材“背景.jpg”和“地区销售数据.xlsx”，在PowerPoint 2021中制作销售报告演示文稿，具体要求如下：新建空白演示文稿，插入四张新幻灯片。在该演示文稿的每张幻灯片中插入“背景.jpg”图片，在第一张幻灯片中插入艺术字“××公司个人电脑业务”，设置艺术字样式为第三行第四个，输入副标题文字并调整为合适的字体、字号；在第二张幻灯片中插入两个圆形形状和虚线形状，设置图形形状格式，并输入相应文字；在第三张幻灯片中插入SmartArt图形，设置版式为“水平项目符号列表”，样式为“优雅”，并输入相应文字；在第四张幻灯片中插入图表，设置图表类型为“饼图”，数据来自“地区销售数据.xlsx”，设置图例位于图表右侧，并添加“数据标签内”数据标签，设置图表样式为“样式11”；在第五张幻灯片中插入艺术字“谢谢观看!”，设置艺术字样式为第三行第四个。制作完毕将该演示文稿保存为“销售报告.pptx”。

销售报告演示文稿最终效果如图16-3所示。

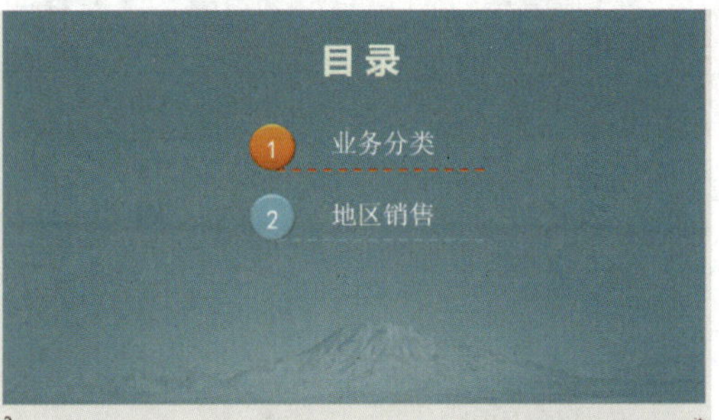

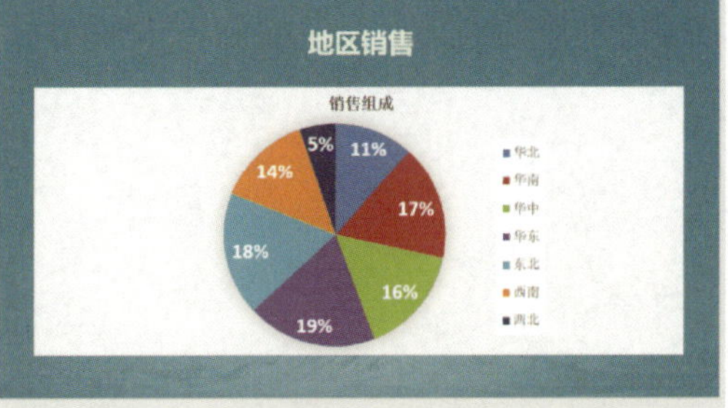

图 16-3 销售报告演示文稿最终效果

（2）利用素材“华为路由器.jpg”，在 PowerPoint 2021 中制作设备信息演示文稿，具体要求如下：新建空白演示文稿，插入一张幻灯片。设置幻灯片主题；选择第一张幻灯片，输入标题和副标题文字；选择第二张幻灯片，插入一个 11 行 2 列的表格，合并表格第二列的第四行至第十一行单元格；设置表格样式为“中度样式 1- 强调 6”；在图 16-4 所示单元格中插入图片“华为路由器.jpg”。制作完毕将该演示文稿保存为“设备信息.pptx”。

设备信息演示文稿最终效果如图 16-4 所示。

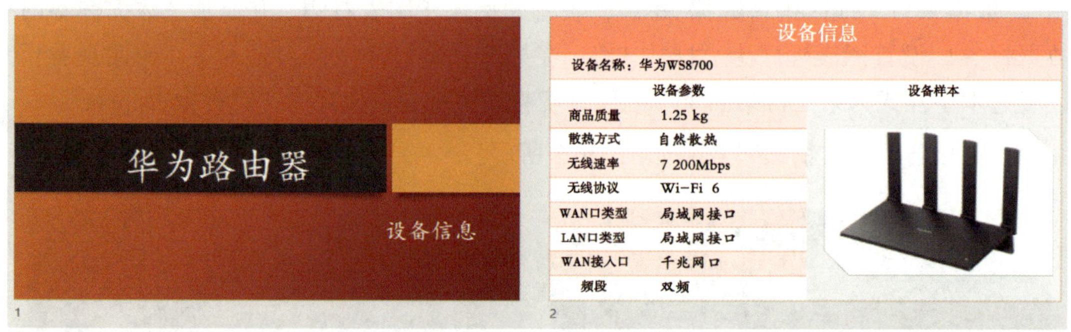

图 16-4 设备信息演示文稿最终效果

实训项目十七
制作部门工作总结演示文稿

一、实训项目介绍

某公司财务部小李需制作部门工作总结演示文稿，要求该演示文稿包括年度工作概述、存在的问题和改进的措施等方面的内容，用于在公司年会上总结汇报部门工作时展示。

具体要求如下：打开素材“部门工作总结 .pptx”，设置演示文稿主题、外观的颜色和字体样式，设置演示文稿的背景，在母版视图中编辑母版并应用母版，通过对演示文稿进行主题、背景和母版等方面的修饰，使其符合最终要求。部门工作总结演示文稿最终效果如图 17–1 所示。

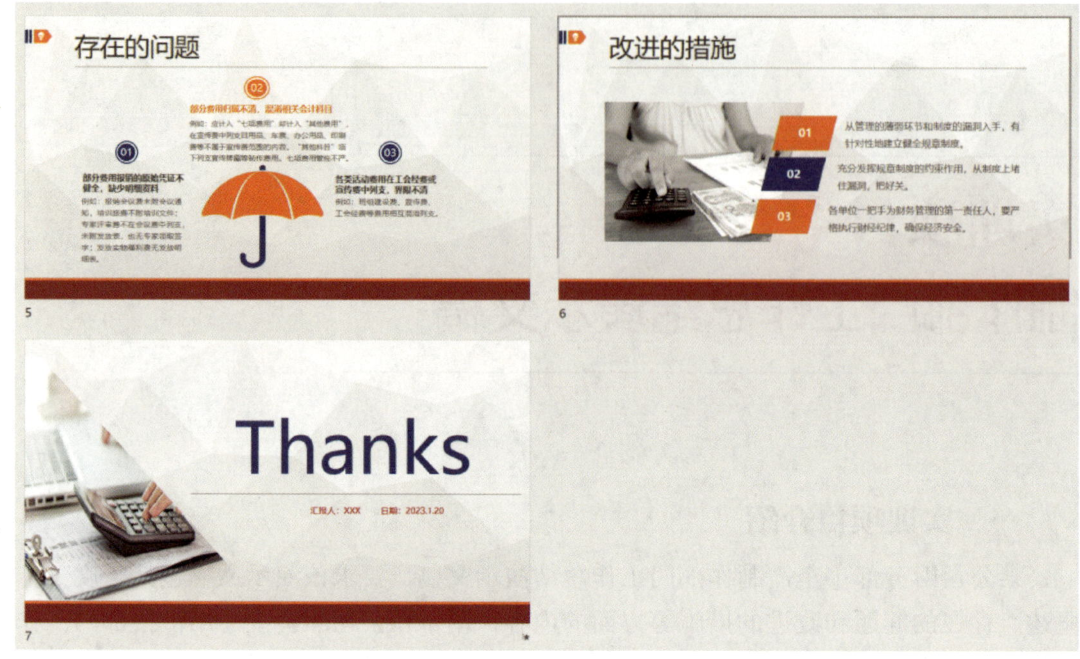

图 17-1　部门工作总结演示文稿最终效果

二、实训项目分析

要完成本实训项目，应按照图 17-2 所示思维导图复习教材中学到的知识点和技能点。

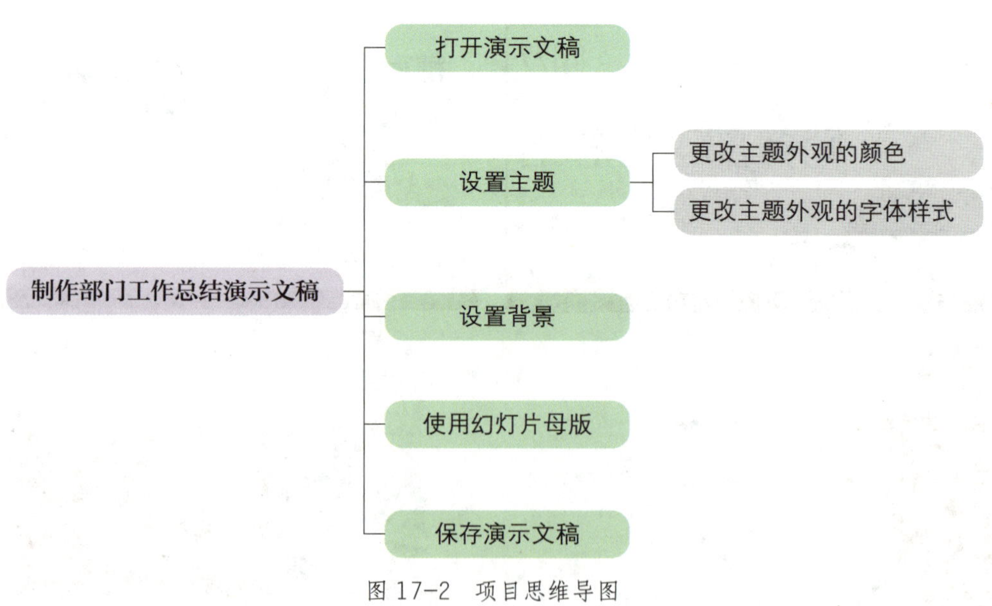

图 17-2　项目思维导图

为完成本实训项目，需打开素材“部门工作总结 .pptx”，选择相应的演示文稿主题并编辑修改主题样式，给所有幻灯片设置相同的背景图片，然后进入幻灯片母版视图，分别编辑“标题幻灯片版式”母版、“标题和内容版式”母版、“自定义版式”母版，之后关闭幻灯片母版视图，给每张幻灯片应用相应的母版，最后保存演示文稿。

在完成本实训项目的过程中，应注意选择演示文稿主题后，需要通过“变体”组中的相应选项更改主题外观的颜色和字体样式；给其中一张幻灯片设置背景样式后，可以使用“应用到全部”功能给所有幻灯片设置相同的背景样式；使用幻灯片母版时，需先进入幻灯片母版视图，编辑相应版式的幻灯片母版，再关闭幻灯片母版视图，通过给幻灯片选择对应的版式来应用母版样式。

三、实训计划制订

根据实训项目分析，学生自己制订完成本实训项目的实训计划，并填写在表 17–1 中。

表 17–1　实训计划

序号	工作内容	所需时间

四、操作步骤提示

本实训项目的操作步骤提示见表 17–2。

表 17–2　操作步骤提示

序号	操作步骤	内容
1	打开演示文稿	打开素材“部门工作总结 .pptx”
2	设置演示文稿主题	选择“回顾”演示文稿主题
3	更改主题外观的颜色	打开“设计”选项卡，单击“变体”组中的“其他”按钮，在弹出的下拉菜单中选择“颜色”|“视点”
4	更改主题外观的字体样式	打开“设计”选项卡，单击“变体”组中的“其他”按钮，在弹出的下拉菜单中选择“字体”|“Arial Black–Arial”

续表

序号	操作步骤	内容
5	设置演示文稿背景	打开“设置背景格式”窗格的两种方法：方法1——打开“设计”选项卡，在“自定义”组中单击“设置背景格式”按钮打开“设置背景格式”窗格；方法2——在幻灯片中单击鼠标右键，在弹出的快捷菜单中选择“设置背景格式”，打开“设置背景格式”窗格 在“设置背景格式”窗格中选择“图片或纹理填充”单选框，单击“插入”按钮，在弹出的“插入图片”对话框中选择素材“背景.jpg”图片 单击“设置背景格式”窗格中的“应用到全部”按钮，将背景样式应用到所有幻灯片上
6	编辑幻灯片母版	打开“视图”选项卡，单击“母版视图”组中的“幻灯片母版”按钮，进入幻灯片母版编辑状态 编辑“标题幻灯片”版式母版：选择标题幻灯片版式，在编辑区插入素材“工作.png”；选中图片，打开“图片格式”选项卡，单击“大小”组中的“裁剪”按钮，在弹出的下拉菜单中选择“裁剪为形状”|“基本形状”|“直角三角形”；调整图片的大小和位置。选中标题占位符和副标题占位符，设置文本对齐方式为右对齐 编辑“标题和内容”版式母版：选择“标题和内容”版式，打开“插入”选项卡，单击“插图”组中的“形状”按钮，分别选择“矩形”和“箭头：五边形”形状，在编辑区左上角绘制两个小矩形图形和一个五边形图形，并插入素材“灯泡图标.png” 编辑“自定义”版式母版：单击“编辑母版”组中的“插入版式”按钮，插入自定义版式；选择自定义版式，在编辑区左侧绘制一个五边形图形，并调整好五边形图形的大小和位置 打开“幻灯片母版”选项卡，单击“关闭母版视图”按钮，退出幻灯片母版编辑状态
7	应用幻灯片母版	选择第三张幻灯片，在幻灯片编辑区单击鼠标右键，在弹出的快捷菜单中选择“版式”|“自定义版式”，应用母版效果 选择第一张和最后一张幻灯片，在幻灯片编辑区单击鼠标右键，在弹出的快捷菜单中选择“版式”|“标题幻灯片”，应用母版效果 选择第四张至第六张幻灯片，在幻灯片编辑区单击鼠标右键，在弹出的快捷菜单中选择“版式”|“标题和内容”，应用母版效果
8	保存演示文稿	保存演示文稿并退出PowerPoint 2021

五、操作要点记录

在表 17–3 中记录本实训项目的操作要点。

表 17–3　操作要点记录

序号	操作要点	备注

六、运行与修改记录

运行并修改演示文稿，排除出现的错误，并在表 17–4 中做好记录。

表 17–4　运行与修改记录

序号	出现错误	错误原因	处理方法

七、实训评价

本实训项目完成后，学生展示演示文稿制作成果，解说在完成项目过程中的心得体会。展示结束后，从职业素养、专业能力、工作成果等方面对该实训项目进行评价，采用自我评价、小组评价、教师评价相结合的多元评价方式，见表 17–5。

表 17-5　实训评价

序号	评价内容	配分 / 分	评价分数		
			自我评价（占比 30%）	小组评价（占比 30%）	教师评价（占比 40%）
1	对实训项目的分析准确到位	20			
2	能熟练设置演示文稿主题	20			
3	能熟练设置演示文稿背景	20			
4	能熟练使用幻灯片母版	20			
5	能正确展示及解说项目成果	20			
学生姓名		综合评分			

八、巩固与练习

1. 选择题

（1）通过应用（　　），用户可以快速、轻松地设置整个文档的格式，赋予其专业和时尚的外观。

A. 形状　　B. 图片　　C. 视图　　D. 主题

（2）要修改某一个主题的字体样式，可以单击“设计”选项卡下（　　）按钮。

A.“主题”组中的“字体”　　B.“主题”组中的“颜色”

C.“变体”组中的“字体”　　D.“变体”组中的“颜色”

（3）要让演示文稿所有的幻灯片都应用某个背景，则应在“设置背景格式”窗格中单击（　　）按钮。

A.“应用到全部”　　B.“重置背景”

C.“隐藏背景图形”　　D.“应用到该幻灯片”

（4）PowerPoint 2021 的母版视图有（　　）。

A. 幻灯片母版　　B. 讲义母版　　C. 备注母版　　D. 以上都对

（5）（　　）是存储模板信息的幻灯片，包括字形、占位符大小、背景设计和配色方案等内容。设定好幻灯片母版之后，修改其中一项内容就可以应用到使用该母版的全部幻灯片。

A. 母版　　B. 背景　　C. 动画　　D. 切换

（6）下列说法正确的是（　　）。

A. PowerPoint 2021 默认的视图方式就是幻灯片母版视图

B. 要编辑幻灯片母版，必须先切换到幻灯片母版视图

C. 只能设置一个版式的幻灯片母版

D. 对幻灯片母版进行修改后，幻灯片的效果不会改变

2. 操作题

使用素材“办公软件培训.pptx”，在PowerPoint 2021中制作办公软件培训演示文稿，具体要求如下：设置该演示文稿第二张幻灯片的背景为素材“背景.jpg”图片。编辑“标题幻灯片”母版，插入“图片1.png”，绘制矩形图形和线条图形；编辑“标题和内容”母版，插入素材“图标.png”，绘制矩形图形和线条图形；编辑“自定义”母版，插入素材“图片2.png”，并将图片裁剪为“流程图”|“手动输入”形状，绘制线条图形。选择第二张幻灯片，应用“自定义版式”母版；选择第三张、第四张、第五张幻灯片，应用“标题和内容”母版；选择最后一张幻灯片，应用“标题幻灯片”母版。制作完毕保存演示文稿。

办公软件培训演示文稿最终效果如图17–3所示。

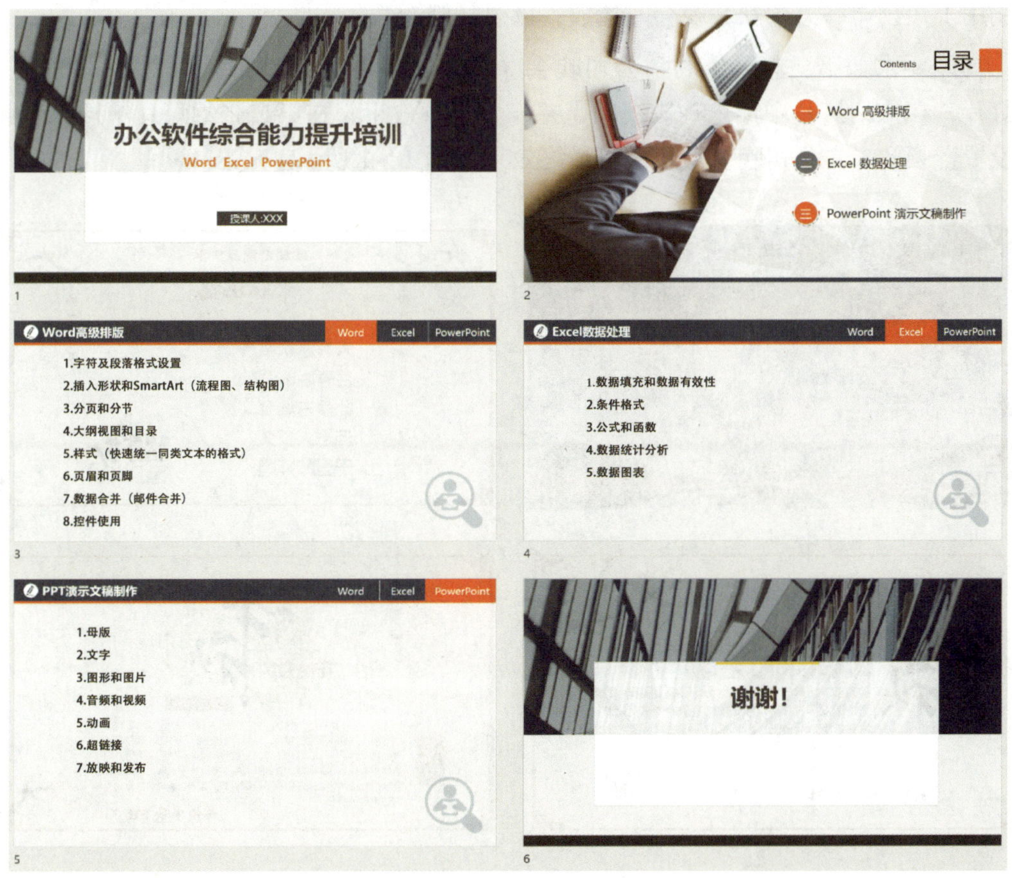

图17–3　办公软件培训演示文稿最终效果

实训项目十八
制作公司晚会演示文稿

一、实训项目介绍

某公司员工小李需制作公司晚会演示文稿，要求该演示文稿包括与中秋节相关的古诗词、中秋节介绍、祝福语等方面的内容，播放时有片头视频和背景音乐。该演示文稿用于在公司举办中秋节晚会时播放，以烘托晚会气氛。

具体要求如下：打开素材“公司晚会 .pptx”，在第一张幻灯片前面插入一张空白幻灯片，在该幻灯片中插入片头视频，并设置视频效果；在第二张幻灯片中插入音频，并设置音频效果。公司晚会演示文稿最终效果如图 18–1 所示。

图 18-1　公司晚会演示文稿最终效果

二、实训项目分析

要完成本实训项目，应按照图 18-2 所示思维导图复习教材中学到的知识点和技能点。

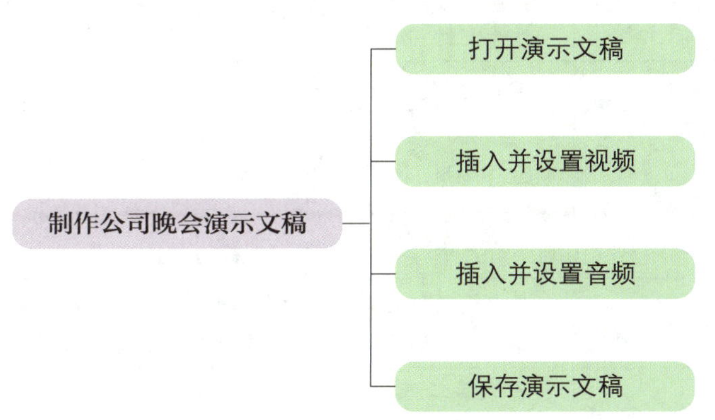

图 18-2　项目思维导图

为完成本实训项目，需打开素材“公司晚会 .pptx”，在演示文稿中插入视频和音频，并设置视频和音频的播放效果，然后保存演示文稿。

在完成本实训项目的过程中，应注意设置视频播放效果的操作，更改视频播放方式为自动播放，设置为全屏播放；同时还要注意设置音频播放效果的操作，更改音频

播放方式为自动，并设置跨幻灯片播放。如果要在指定幻灯片后停止音频播放，还需要打开“动画窗格”，选择“效果选项”进行相关的设置。

三、实训计划制订

根据实训项目分析，学生自己制订完成本实训项目的实训计划，并填写在表 18–1 中。

表 18–1　实训计划

序号	工作内容	所需时间

四、操作步骤提示

本实训项目的操作步骤提示见表 18–2。

表 18–2　操作步骤提示

序号	操作步骤	内容
1	打开演示文稿	打开素材“公司晚会 .pptx”
2	插入幻灯片	在第一张幻灯片的前面插入一张空白幻灯片
3	插入视频	选择插入的空白幻灯片，打开“插入”选项卡，单击“媒体”组中的“视频”按钮，在弹出的下拉菜单中选择“此设备”，然后在弹出的“插入视频文件”对话框中选择素材“嫦娥 .mp4”，将视频插入到幻灯片中
4	设置视频	选中视频，打开“播放”选项卡，在“视频选项”组中的“开始”下拉列表中选择“自动”，并勾选“全屏播放”复选框
5	插入音频	选择第二张幻灯片，打开“插入”选项卡，单击“媒体”组中的“音频”按钮，在弹出的下拉菜单中选择“PC 上的音频”，然后在弹出的“插入音频”对话框中选择素材“中国风喜悦节日背景音乐 .mp3”，将音频插入到幻灯片中
6	设置音频	选中音频，打开“播放”选项卡，在“音频选项”组中的“开始”下拉列表中选择“自动”，并勾选“跨幻灯片播放”复选框 设置在第七张幻灯片后停止播放音频：打开“动画”选项卡，单击“高级动画”组中的“动画窗格”按钮，打开“动画窗格”，在

续表

序号	操作步骤	内容
6	设置音频	“动画窗格”中单击音频列表项右侧的三角形按钮，在弹出的下拉菜单中单击“效果选项”，然后在弹出的“播放音频”对话框中设置“停止播放”选项为：在 7 张幻灯片后
7	保存演示文稿	保存演示文稿并退出 PowerPoint 2021

五、操作要点记录

在表 18–3 中记录本实训项目的操作要点。

表 18–3　操作要点记录

序号	操作要点	备注

六、运行与修改记录

运行并修改演示文稿，排除出现的错误，并在表 18–4 中做好记录。

表 18–4　运行与修改记录

序号	出现错误	错误原因	处理方法

七、实训评价

本实训项目完成后，学生展示演示文稿制作成果，解说在完成项目过程中的心得体会。展示结束后，从职业素养、专业能力、工作成果等方面对该实训项目进行评价，采用自我评价、小组评价、教师评价相结合的多元评价方式，见表 18-5。

表 18-5　实训评价

<table>
<tr><th rowspan="2">序号</th><th rowspan="2">评价内容</th><th rowspan="2">配分 / 分</th><th colspan="3">评价分数</th></tr>
<tr><th>自我评价（占比 30%）</th><th>小组评价（占比 30%）</th><th>教师评价（占比 40%）</th></tr>
<tr><td>1</td><td>对实训项目的分析准确到位</td><td>20</td><td></td><td></td><td></td></tr>
<tr><td>2</td><td>能熟练插入并设置视频</td><td>30</td><td></td><td></td><td></td></tr>
<tr><td>3</td><td>能熟练插入并设置音频</td><td>30</td><td></td><td></td><td></td></tr>
<tr><td>4</td><td>能正确展示及解说项目成果</td><td>20</td><td></td><td></td><td></td></tr>
<tr><td colspan="2">学生姓名</td><td></td><td colspan="2">综合评分</td><td></td></tr>
</table>

八、巩固与练习

1. 选择题

（1）PowerPoint 2021 支持的声音文件格式有（　　）。

A. mid　　B. mp3　　C. wav　　D. 以上都对

（2）下列说法不正确的是（　　）。

A. 在幻灯片中插入音频后，可以设置音量的高低或静音

B. 声音图标不可以隐藏

C. 插入的音频可以设置为放映幻灯片时自动播放

D. 可以设置音频在某张幻灯片后停止播放

（3）PowerPoint 2021 支持的视频文件格式有（　　）。

A. avi　　B. mp4　　C. wmv　　D. 以上都对

（4）下列说法不正确的是（　　）。

A. 在幻灯片中插入视频后，可以裁剪视频

B. 可以设置视频的音量高低或静音

C. 视频不可以设置为全屏播放

D. 视频可以设置为循环播放

2. 操作题

使用素材“荷塘月色 .pptx”，在 PowerPoint 2021 中制作“荷塘月色 .pptx”演示文

稿，具体要求如下：打开素材“荷塘月色 .pptx”，在第一张幻灯片之前插入空白幻灯片，并在该空白幻灯片中插入素材“视频 .wmv”，设置视频播放效果为自动播放和全屏播放；在第二张幻灯片中插入素材“星空背景音乐 .wav”，设置该音频的播放方式为自动播放和跨幻灯片播放，并设置该音频在第六张幻灯片后停止播放。制作完毕保存演示文稿。

荷塘月色演示文稿最终效果如图 18–3 所示。

图 18–3　荷塘月色演示文稿最终效果

实训项目十九
制作员工培训演示文稿

一、实训项目介绍

某公司员工小李需制作员工培训演示文稿，要求该演示文稿包括员工入职流程、转正申请、薪酬组成、员工福利、离职手续等几方面的内容，并且播放时要有动画效果和超链接效果。该演示文稿用于对公司招聘的新员工进行入职培训，以便让他们快速了解公司的规章制度。

具体要求如下：打开素材“员工培训 .pptx”，给该演示文稿的每一张幻灯片添加幻灯片切换效果，给每一张幻灯片上的文字、图形或图片添加动画效果，给第二张幻灯片上的目录文字添加超链接效果。员工培训演示文稿最终效果如图 19–1 所示。

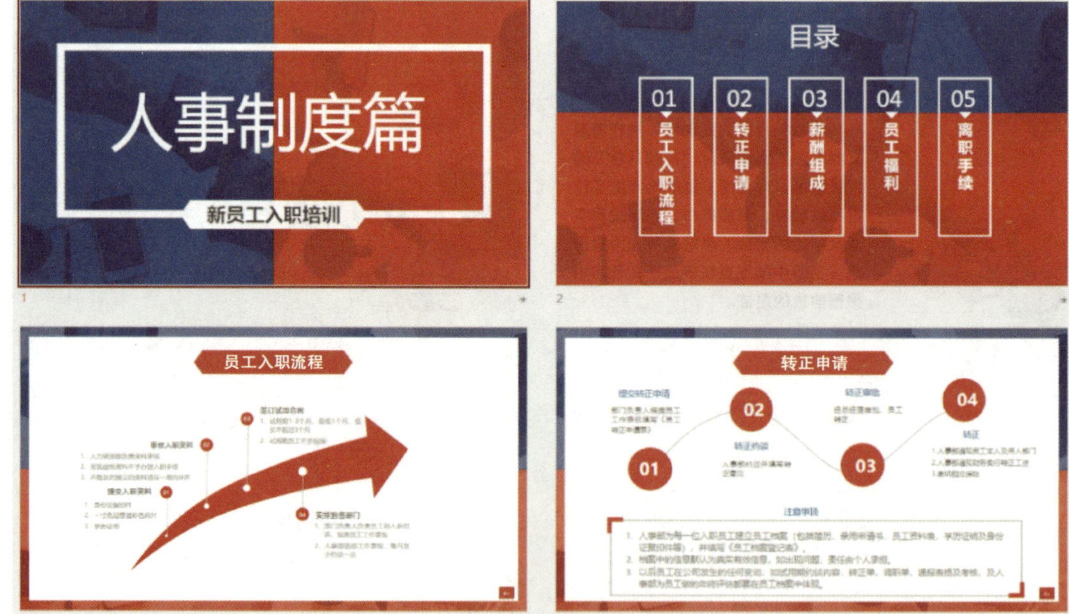

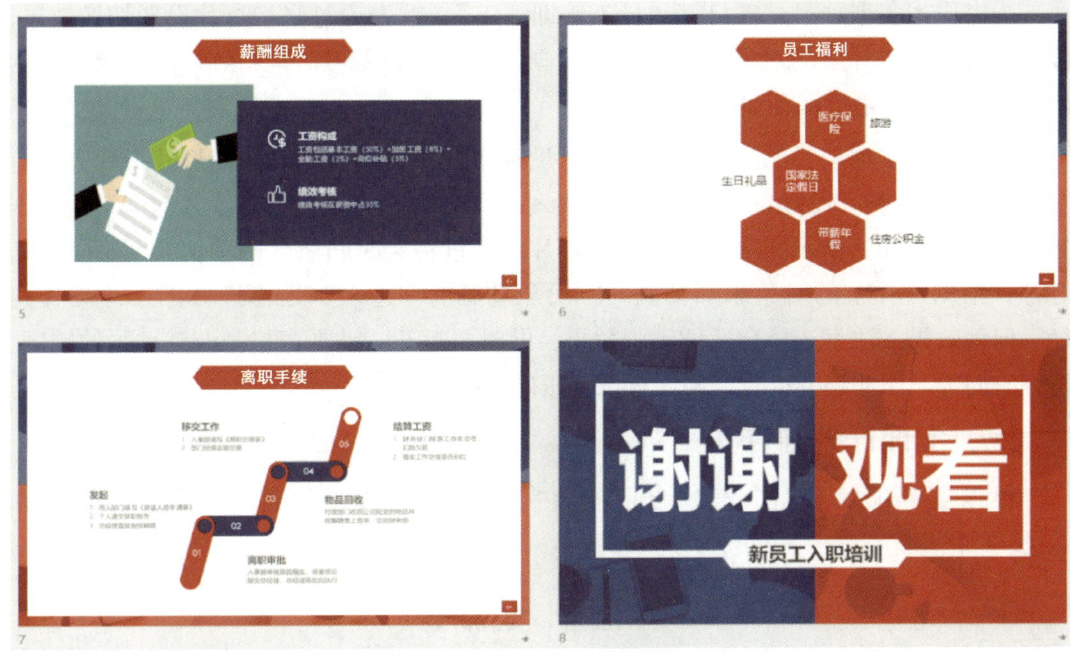

图 19-1　员工培训演示文稿最终效果

二、实训项目分析

要完成本实训项目，应按照图 19-2 所示思维导图复习教材中学到的知识点和技能点。

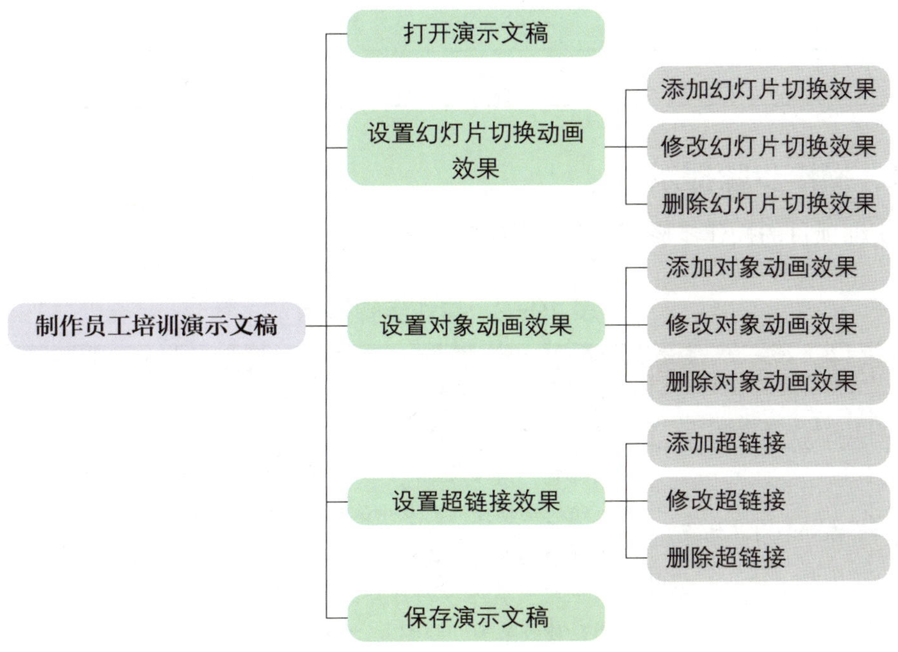

图 19-2　项目思维导图

为完成本实训项目，需打开“员工培训 .pptx”，首先为每张幻灯片设置切换效果，接着为每张幻灯片上的对象设置相应的动画效果，然后为第二张幻灯片的目录文字创建超链接效果，最后保存演示文稿。

在完成本实训项目的过程中，应注意设置幻灯片切换效果时，幻灯片换片方式有“单击鼠标时”和“设置自动换片时间”两种，如果勾选“设置自动换片时间”复选框并设置特定时间，演示文稿在播放该幻灯片时经过特定时间后会自动切换至下一张幻灯片；给幻灯片上的对象添加动画时，对象动画有“进入”“强调”“退出”“动作路径”四种效果，注意选择合适的动画效果，同时要打开“动画窗格”调整动画的顺序、持续时间等。添加超链接时，要注意设置正确的链接路径。

三、实训计划制订

根据实训项目分析，学生自己制订完成本实训项目的实训计划，并填写在表 19–1 中。

表 19–1 实训计划

序号	工作内容	所需时间

四、操作步骤提示

本实训项目的操作步骤提示见表 19–2。

表 19–2 操作步骤提示

序号	操作步骤	内容
1	打开演示文稿	打开素材“员工培训 .pptx”
2	添加幻灯片切换效果	选择第一张幻灯片，打开“切换”选项卡，在“切换到此幻灯片”组的切换效果列表中选择“分割” 用类似的方法设置第二张幻灯片的切换效果为“淡入 / 淡出”，设置第三张至第七张幻灯片的切换效果为“推入”，设置第八张幻灯片的切换效果为“分割”

续表

序号	操作步骤	内容
3	设置幻灯片切换效果	选择第一张幻灯片，打开“切换”选项卡，单击“效果选项”按钮，在弹出的下拉菜单中选择“中央向上下展开”，设置持续时间为1.5秒，勾选“设置自动换片时间”复选框并设置换片时间为10秒 用同样的方法设置第二张幻灯片的切换持续时间为7秒、自动换片时间为10秒；设置第三张至第七张幻灯片的切换效果的方向为“自右侧”，持续时间为1分钟
4	添加对象动画效果	添加对象动画效果的方法有：方法1——打开“动画”选项卡，单击“动画”组中的“其他”按钮，在弹出的下拉列表中选择动画效果；方法2——打开“动画”选项卡，单击“高级动画”组中的“添加动画”按钮，在弹出的下拉列表中选择动画效果 选择第一张幻灯片，选中左侧矩形图形，添加“飞入”动画；选中右侧矩形图形，添加“飞入”动画；选中中间的矩形框图形，添加“缩放”动画；选择标题文本框，添加“浮入”动画；选择副标题文本框，添加“伸展”动画 用同样的方法给每张幻灯片中的对象添加动画
5	设置对象动画效果	设置对象动画效果的方法：方法1——打开“动画”选项卡，通过“动画”组中的“效果选项”和“计时”组中的“开始”“持续时间”“延迟”“向前移动”和“向后移动”等选项，设置动画效果；方法2——打开“动画”选项卡，单击“高级动画”组中的“动画窗格”按钮，打开“动画窗格”，通过动画窗格的功能选项设置动画效果 选择第一张幻灯片，选中左侧矩形图形，设置效果选项的“方向”为“自左侧”、开始方式为“与上一动画同时”、持续时间为0.5秒；选中右侧矩形图形，设置效果选项的“方向”为“自右侧”、开始方式为“与上一动画同时”、持续时间为0.5秒；选中中间的矩形框图形，设置效果选项的“消失点”为“对象中心”、开始方式为“上一动画之后”、持续时间为0.5秒；选中标题文本框，设置效果选项的“方向”为“上浮”、开始方式为“上一动画之后”、持续时间为0.5秒；选中副标题文本框，设置效果选项的“方向”为“跨越”、开始方式为“上一动画之后”、持续时间为0.5秒。 用类似的方法设置每一张幻灯片上的对象的动画效果
6	设置超链接效果	插入超链接的方法有：方法1——选中对象后单击鼠标右键，在弹出的快捷菜单中选择“超链接”；方法2——选中对象，打开“插入”选项卡，单击“链接”组中的“链接”按钮；方法3——使用Ctrl+K快捷键 选择第二张幻灯片，选中“员工入职流程”文本框后单击鼠标右键，在弹出的快捷菜单中选择“超链接”选项，打开“插入超链

续表

序号	操作步骤	内容
6	设置超链接效果	接”对话框，在对话框中单击“本文档中的位置”按钮，并选择链接的幻灯片为“幻灯片 3”。用类似的方法依次给“转正申请”文本框、“薪酬组成”文本框、“员工福利”文本框、“离职手续”文本框添加超链接，并设置正确的链接路径 插入动作按钮：选择第三张幻灯片，打开“插入”选项卡，单击“插图”组中的“形状”按钮，在弹出的下拉列表中选择“动作按钮：空白”，然后在幻灯片右下角绘制一个小矩形图形，在弹出的“操作设置”对话框中选择“超链接到”单选框，并设置链接到“2. 幻灯片 2”。复制该动作按钮到第四张至第七张幻灯片
7	保存演示文稿	保存演示文稿并退出 PowerPoint 2021

五、操作要点记录

在表 19-3 中记录本实训项目的操作要点。

表 19-3　操作要点记录

序号	操作要点	备注

六、运行与修改记录

运行并修改演示文稿，排除出现的错误，并在表 19-4 中做好记录。

表 19-4　运行与修改记录

序号	出现错误	错误原因	处理方法

续表

序号	出现错误	错误原因	处理方法

七、实训评价

本实训项目完成后，学生展示演示文稿制作成果，解说在完成项目过程中的心得体会。展示结束后，从职业素养、专业能力、工作成果等方面对该实训项目进行评价，采用自我评价、小组评价、教师评价相结合的多元评价方式，见表 19–5。

表 19–5　实训评价

序号	评价内容	配分 / 分	评价分数		
			自我评价（占比 30%）	小组评价（占比 30%）	教师评价（占比 40%）
1	对实训项目的分析准确到位	20			
2	能熟练设置幻灯片的切换效果	20			
3	能熟练设置对象的动画效果	20			
4	能熟练创建超链接效果	20			
5	能正确展示及解说项目成果	20			
学生姓名		综合评分			

八、巩固与练习

1. 选择题

（1）在 PowerPoint 2021 中，为幻灯片添加切换效果应在（　　）选项卡中操作。

A. “插入”　　B. “设计”　　C. “切换”　　D. “动画”

（2）PPT 页面中的对象（包括文字、图形、图片、组合及多媒体素材）从无到有、陆续出现的动画效果是（　　）。

A. 进入　　B. 强调　　C. 退出　　D. 动作路径

（3）这是在放映过程中引起观众注意的一种动画，它不是从无到有，而是一开始就存在，但形状或颜色会发生变化，该动画效果是（　　）。

A. 进入　　B. 强调　　C. 退出　　D. 动作路径

（4）进入动画的逆过程，即对象从有到无、陆续消失的一个动画过程的动画效果是（　　）。

A. 进入　　B. 强调　　C. 退出　　D. 动作路径

（5）让对象按照绘制的路径运动的动画效果是（　　）。

A. 进入　　B. 强调　　C. 退出　　D. 动作路径

（6）下列说法中不正确的是（　　）。

A. 在设置动画时有些动画是灰色的，它不能被选中是因为有些动画只对文字有效，有些动画只对图片有效

B. 为幻灯片对象添加动画效果后，系统将自动在幻灯片编辑窗口中对设置了动画效果的对象进行预览放映

C. 为幻灯片对象添加动画效果后，该对象旁会出现数字标识，代表对象添加的动画种数

D. 为幻灯片中的对象添加动画效果后，还可以通过“动画”选项卡中的“动画”组、“高级动画”组和“计时”组对添加的动画效果进行设置，这些动画效果在播放时更具条理性，例如，设置动画播放参数、调整动画的播放顺序和删除动画等

（7）下列操作方法中不能给对象添加超链接的是（　　）。

A. 选中对象后单击鼠标右键，在弹出的快捷菜单中选择“超链接”

B. 选中对象后按 Ctrl+K 快捷键

C. 选中对象后打开“插入”选项卡，单击“链接”组中的“链接”按钮

D. 选中对象后打开“插入”选项卡，单击“符号”组中的“公式”按钮

2. 操作题

使用素材“茶文化 .pptx”，在 PowerPoint 2021 中制作茶文化演示文稿，具体要求如下：设置该演示文稿第一张至第六张幻灯片的幻灯片切换效果，第一张幻灯片切换效果：溶解、持续时间为 1.5 秒，第二张幻灯片切换效果：旋转、持续时间为 2 秒，第三张幻灯片切换效果：切换、持续时间为 1.5 秒，第四张幻灯片切换效果：淡入 / 淡出、持续时间为 1 秒，第五张幻灯片切换效果：窗口、持续时间为 1.5 秒，第六张幻灯片切换效果：摩天轮、持续时间为 2 秒；设置该演示文稿第一张幻灯片的对象动画效果：左侧图片（浮入、与上一动画同时、0.75 秒）、右侧图片（浮入、上一动画之后、0.75 秒）、“茶”字文本框（掉落、上一动画之后、0.75 秒）、“文”字文本框（掉落、上一动画之后、0.75 秒）、“化”字文本框（掉落、上一动画之后、0.75 秒），设置该演示文稿其他幻灯片的对象动画效果；设置该演示文稿第二张幻灯片的目录文字超链接效果，链接到对应的幻灯片。制作完毕保存该演示文稿。

茶文化演示文稿最终效果如图 19–3 所示。

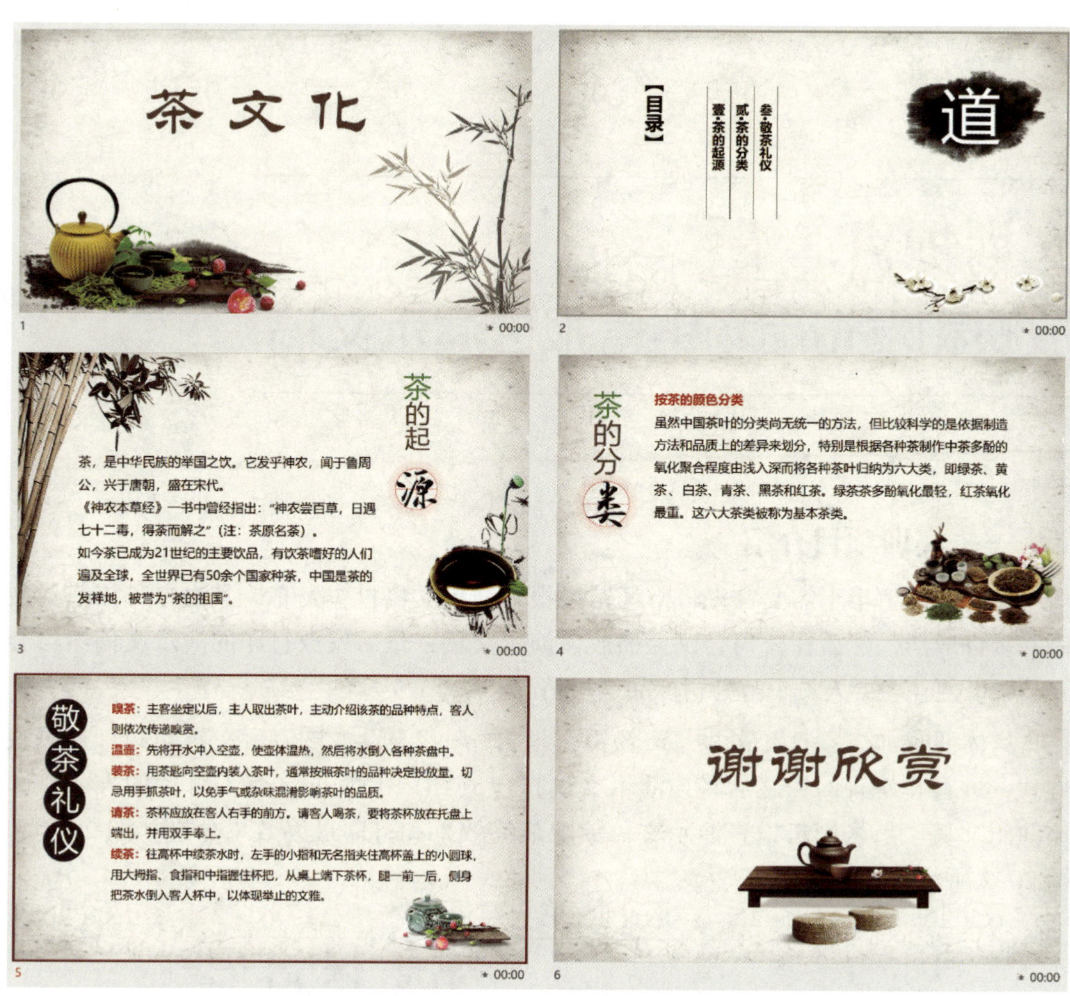

图 19-3　茶文化演示文稿最终效果

实训项目二十
放映和发布市场销售报告演示文稿

一、实训项目介绍

某公司员工小李需要首先将市场销售报告演示文稿打包发布，其次打印该演示文稿并装订成册，然后在公司会议上播放该演示文稿，最后发放打印的演示文稿给参会人员，以便让参会人员了解公司产品销售情况。

具体要求如下：打开素材“市场销售报告.pptx”，设置该演示文稿的幻灯片放映方式，进行排练计时，之后将该演示文稿打包成 CD，以每页 4 张幻灯片的方式打印该演示文稿。市场销售报告演示文稿放映最终效果和打印最终效果分别如图 20-1 和图 20-2 所示。

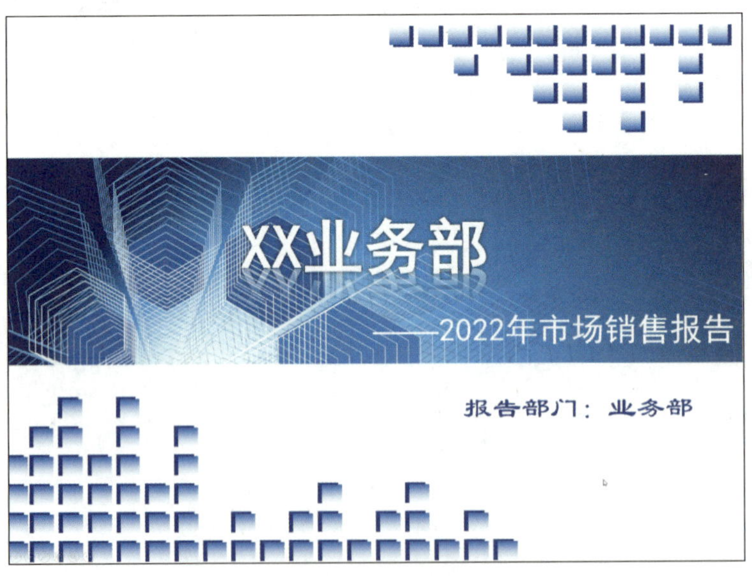

图 20-1　市场销售报告演示文稿放映最终效果

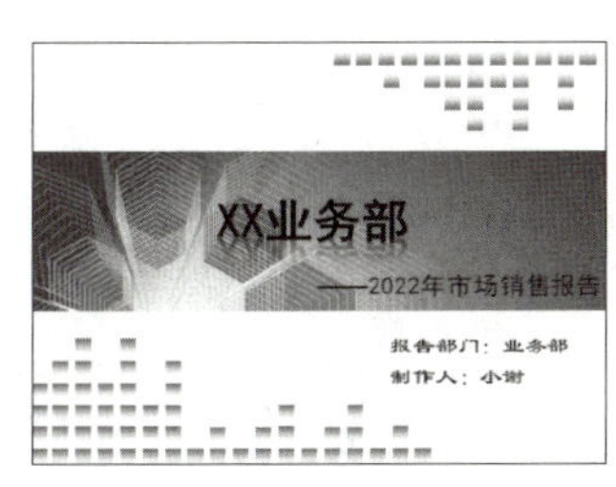

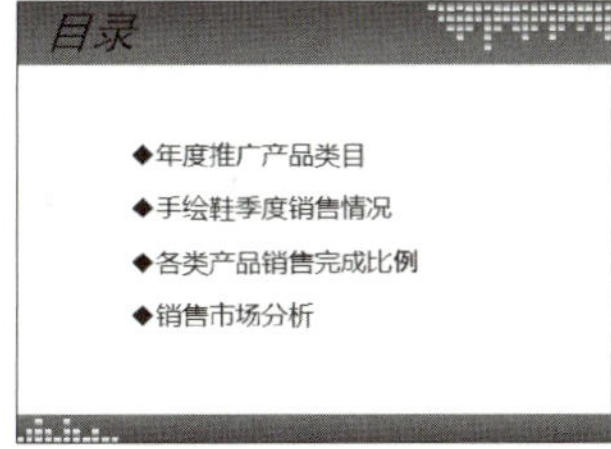

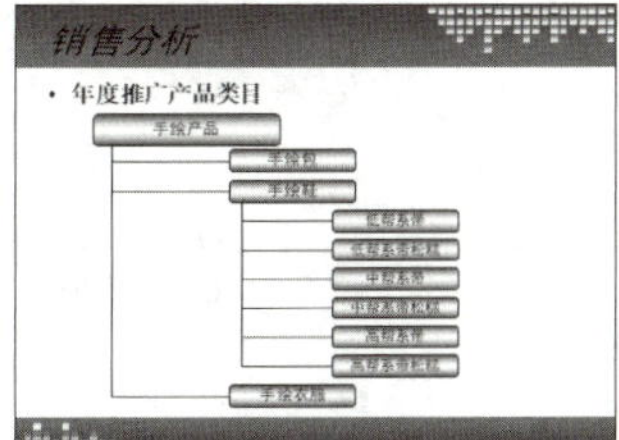

销售分析

• 手绘鞋季度销售情况

销售额 / 产品类别	第一季度	第二季度	第三季度	第四季度	全年
低帮系带	1000	1200	1008	1000	4208
完成计划比	50%	60%	50%	50%	53%
低帮系带松糕	1800	1400	1600	1030	5830
完成计划比	90%	70%	80%	52%	73%
中帮系带	1200	1000	1200	1020	4420
完成计划比	60%	50%	60%	51%	55%
中帮系带松糕	1400	1200	1000	1008	4608
完成计划比	70%	60%	50%	50%	58%
高帮系带	1000	980	700	2000	4680
完成计划比	50%	49%	35%	100%	59%
高帮系带松糕	1400	1050	600	2400	5450
完成计划比	70%	53%	30%	120%	68%

1

销售分析

各类产品销售完成比例

140%
120%
100%
80%
60%
40%
20%
0%
第一季度 第二季度 第三季度 第四季度
低帮系带
低帮系带松糕
中帮系带
中帮系带松糕
高帮系带
高帮系带松糕

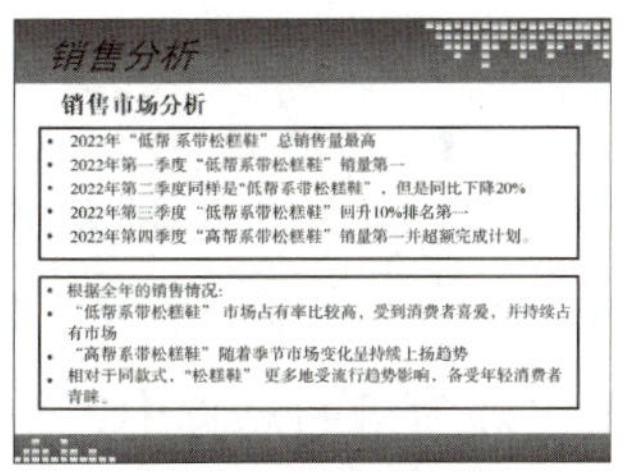

2

图 20-2　市场销售报告演示文稿打印最终效果

二、实训项目分析

要完成本实训项目，应按照图 20–3 所示思维导图复习教材中学到的知识点和技能点。

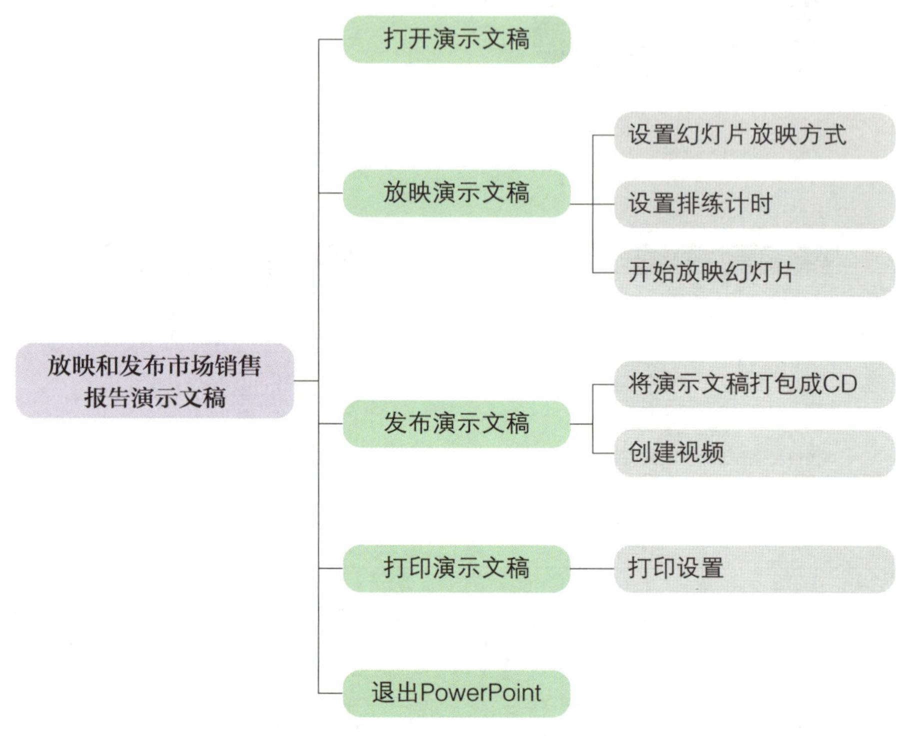

图 20–3　项目思维导图

为完成本实训项目，需打开素材“市场销售报告.pptx”，设置幻灯片的放映方式、进行排练计时、将演示文稿打包成 CD、打印演示文稿。

在完成本实训项目的过程中，应注意使用“排练计时”功能，计算和控制演示文稿的播放演示时间；使用“将演示文稿打包成 CD”功能时，如果选择“复制到 CD”选项，则需要在计算机上安装 CD 刻录机设备，也可以选择“复制到文件夹”选项，将演示文稿直接打包并发布到当前计算机中，再借助 U 盘、移动硬盘等移动存储设备复制到其他计算机中；打印演示文稿时，要正确设置打印参数。

三、实训计划制订

根据实训项目分析，学生自己制订完成本实训项目的实训计划，并填写在表 20–1 中。

表 20-1　实训计划

序号	工作内容	所需时间

四、操作步骤提示

本实训项目的操作步骤提示见表 20-2。

表 20-2　操作步骤提示

序号	操作步骤	内容
1	打开演示文稿	打开素材“市场销售报告 .pptx”
2	设置幻灯片的放映方式	单击“幻灯片放映”选项卡下“设置”组中的“设置幻灯片放映”按钮，打开“设置放映方式”对话框，设置幻灯片的放映方式
3	设置排练计时	单击“幻灯片放映”选项卡下“设置”组中的“排练计时”按钮进行计时，幻灯片放映结束后选择保留新的幻灯片计时
4	放映演示文稿	从头开始放映或从当前幻灯片开始放映演示文稿 从头开始放映演示文稿的两种方法：方法 1——单击“幻灯片放映”选项卡下“开始放映幻灯片”组中的“从头开始”按钮；方法 2——使用 F5 快捷键 从当前幻灯片开始放映幻灯片的两种方法：方法 1——单击“幻灯片放映”选项卡下“开始放映幻灯片”组中的“从当前幻灯片开始”按钮；方法 2——使用 Shift+F5 快捷键
5	发布演示文稿	单击“文件”菜单中的“导出”选项，选择“将演示文稿打包成 CD”，单击“打包成 CD”按钮，在弹出的“打包成 CD”对话框中将 CD 命名为“市场销售报告”，单击“复制到文件夹”按钮，将演示文稿打包并发布到指定文件夹中
6	打印演示文稿	单击“文件”菜单中的“打印”选项，设置打印参数为打印全部幻灯片、4 张水平放置的幻灯片、横向，单击“打印”按钮打印演示文稿

五、操作要点记录

在表 20–3 中记录本实训项目的操作要点。

表 20–3　操作要点记录

序号	操作要点	备注

六、运行与修改记录

运行并修改演示文稿，排除出现的错误，并在表 20–4 中做好记录。

表 20–4　运行与修改记录

序号	出现错误	错误原因	处理方法

七、实训评价

本实训项目完成后，学生展示演示文稿放映和发布成果，解说在完成项目过程中的心得体会。展示结束后，从职业素养、专业能力、工作成果等方面对该实训项目进行评价，采用自我评价、小组评价、教师评价相结合的多元评价方式，见表 20–5。

表 20-5　实训评价

序号	评价内容		配分 / 分	评价分数		
				自我评价（占比 30%）	小组评价（占比 30%）	教师评价（占比 40%）
1	对实训项目的分析准确到位		20			
2	能熟练放映演示文稿并使用排练计时功能		10			
3	能熟练设置幻灯片的放映方式		10			
4	能熟练发布演示文稿		20			
5	能熟练打印演示文稿		20			
6	能正确展示及解说项目成果		20			
学生姓名			综合评分			

八、巩固与练习

1. 选择题

（1）在 PowerPoint 2021 中，从头开始放映演示文稿的快捷键是（　　）。

A. F5

B. Ctrl+F5

C. Alt+F5

D. Shift+F5

（2）在 PowerPoint 2021 中，从当前幻灯片开始放映演示文稿的快捷键是（　　）。

A. F5

B. Ctrl+F5

C. Alt+F5

D. Shift+F5

（3）下列说法中不正确的是（　　）。

A. 自定义幻灯片放映可以选择需要放映的幻灯片

B. 在“设置放映方式”对话框中可以设置放映类型、循环放映、换片方式等

C. 在幻灯片浏览视图下可以查看每张幻灯片的计时情况

D. 幻灯片制作完成后，只能从头开始放映幻灯片

（4）在没有安装 PowerPoint 2021 的计算机上播放并展示制作好的演示文稿，需要将演示文稿（　　）。

A. 保存

B. 打印

C. 打包成 CD

D. 另存为放映格式

2. 操作题

使用素材“年度总结大会 .pptx”，放映、打包发布、打印该演示文稿。具体要求如下：设置幻灯片循环放映，并进行排练计时，从头开始放映演示文稿；将该演示文稿打包成 CD，将打包后的文件复制到当前计算机的某个文件夹中；设置打印选项为 4 张垂直放置的幻灯片、纵向，打印该演示文稿。年度总结大会演示文稿放映效果和打印效果分别如图 20-4 和图 20-5 所示。

图 20-4　年度总结大会演示文稿放映效果

XX科技公司
2022年度总结大会
2022 Annual Report

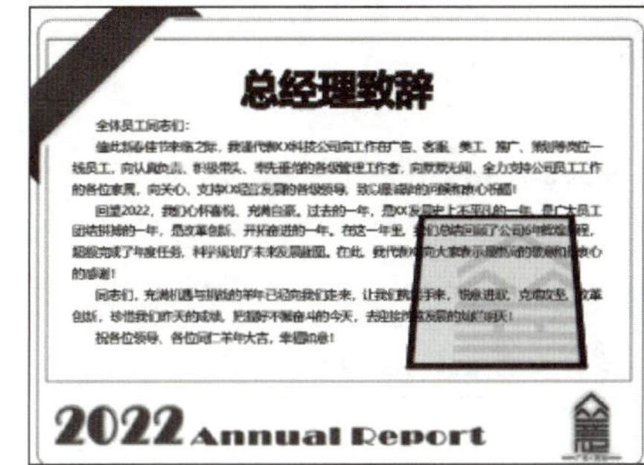
总经理致辞
全体员工同志们：
2022 Annual Report

议程安排：
1.总经理致辞
2.2022年工作总结
3.2023年工作规划
4.颁奖典礼
5.活动安排
2022 Annual Report

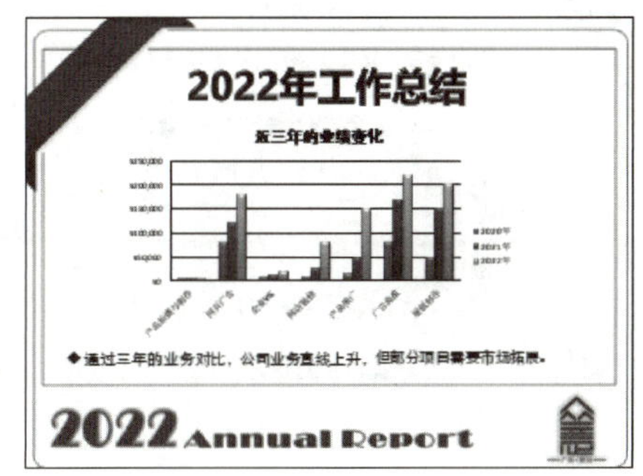
2022年工作总结
近三年的业绩变化
◆通过三年的业务对比，公司业务直线上升，但部分项目需要市场拓展。
2022 Annual Report

图 20-5　年度总结大会演示文稿打印效果

第四篇

Access 2021

实训项目二十一
创建公司考勤信息数据库

一、实训项目介绍

某旅行公司员工小李需创建公司考勤信息数据库，用于公司员工考勤信息的统计和分析。

具体要求如下：启动 Access 2021，新建一个空白数据库，命名为“公司考勤信息数据库 .accdb”。公司考勤信息数据库最终效果如图 21–1 所示。

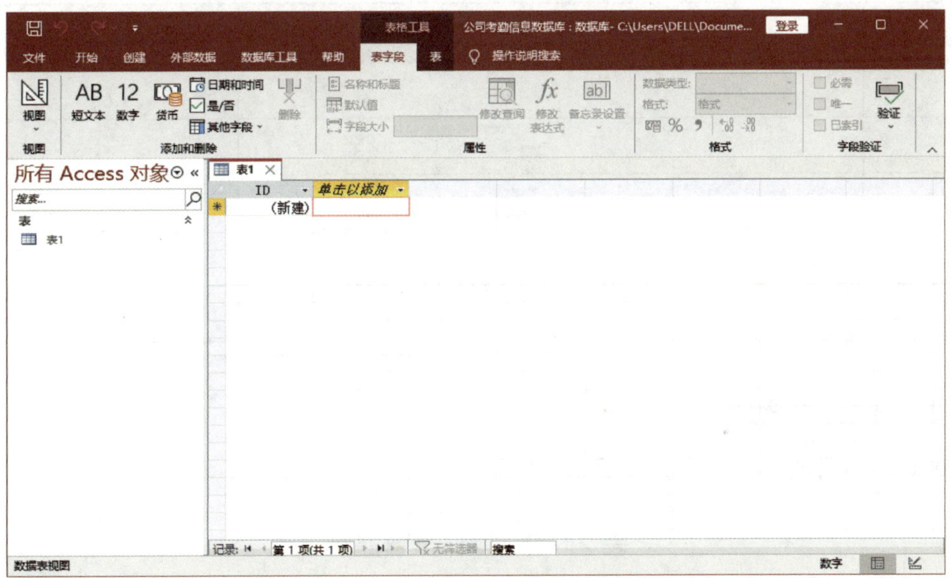

图 21–1　公司考勤信息数据库最终效果

二、实训项目分析

要完成本实训项目，应按照图 21–2 所示思维导图复习教材中学到的知识点和技能点。

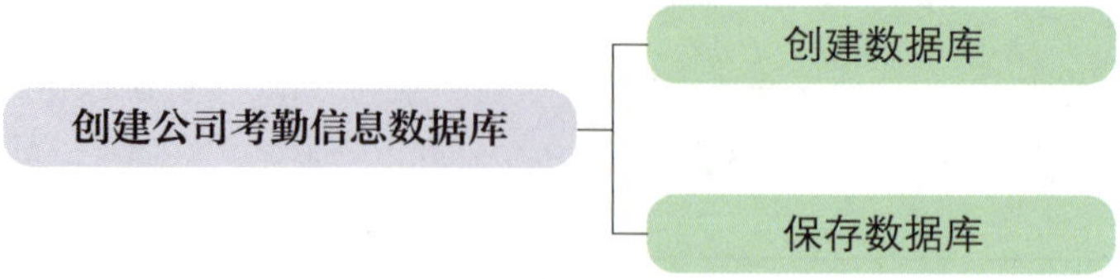

图 21-2 项目思维导图

为完成本实训项目，需启动 Access 2021，新建一个空白数据库，将该数据库命名为“公司考勤信息数据库 .accdb”，然后单击“创建”按钮完成数据库的创建。

在完成本实训项目的过程中，应注意 Access 2021 数据库的命名规范，建议使用英文字母、数字、下画线、汉字等命名数据库。其中，数字不能用在数据库名称的开头；在数据库中，空格具有特殊含义，所以也不能直接用空格命名数据库；在数据库中，注意英文字母不区分大小写；不建议使用拼音全拼或拼音缩写命名数据库。

三、实训计划制订

根据实训项目分析，学生自己制订完成本实训项目的实训计划，并填写在表 21-1 中。

表 21-1 实训计划

序号	工作内容	所需时间

四、操作步骤提示

本实训项目的操作步骤提示见表 21-2。

表 21-2 操作步骤提示

序号	操作步骤	内容
1	启动 Access 2021	方法 1：通过桌面的 Access 快捷方式图标启动 方法 2：通过单击 Windows 操作系统“开始”菜单中的“Access”选项启动 方法 3：通过打开 Access 数据库文件启动

续表

序号	操作步骤	内容
2	创建空白数据库	在 Access 2021 启动界面中单击“空白数据库”按钮新建一个空白数据库
3	保存数据库	将数据库保存为“公司考勤信息数据库 .accdb” 方法 1：使用“文件”|“保存”（或“文件”|“另存为”）选项保存数据库 方法 2：单击快速访问工具栏中的“保存”按钮 方法 3：使用 Ctrl+S 快捷键保存数据库
4	关闭 Access 2021	方法 1：单击 Access 2021 操作界面右上角的“关闭”按钮退出 Access 方法 2：双击操作界面左上角退出 Access 方法 3：使用 Alt+F4 快捷键退出 Access

五、操作要点记录

在表 21–3 中记录本实训项目的操作要点。

表 21–3　操作要点记录

序号	操作要点	备注

六、运行与修改记录

运行并修改数据库文件，排除出现的错误，并在表 21–4 中做好记录。

表 21–4　运行与修改记录

序号	出现错误	错误原因	处理方法

续表

序号	出现错误	错误原因	处理方法

七、实训评价

本实训项目完成后，学生展示数据库创建成果，解说在完成项目过程中的心得体会。展示结束后，从职业素养、专业能力、工作成果等方面对该实训项目进行评价，采用自我评价、小组评价、教师评价相结合的多元评价方式，见表21–5。

表21–5 实训评价

序号	评价内容		配分/分	评价分数		
				自我评价（占比30%）	小组评价（占比30%）	教师评价（占比40%）
1	对实训项目的分析准确到位		20			
2	能熟练启动Access 2021并新建空白数据库		30			
3	能熟练保存数据库文件并退出Access 2021		30			
4	能正确展示及解说项目成果		20			
学生姓名			综合评分			

八、巩固与练习

1. 选择题

（1）下列关于数据库的叙述中，正确的是（　　）。

A. 数据库减少了数据冗余

B. 数据库避免了数据冗余

C. 数据库中的数据一致性是指数据类型一致

D. 数据库系统能比文件系统管理更多数据

（2）在数据库窗体中要显示一名教师的基本信息和该教师所承担的全部课程情况。在设计窗体时，在主窗体中显示教师的基本信息，在子窗体中显示该教师承担的课程情况，则主窗体和子窗体数据源之间的关系是（　　）。

A. 一对一　　B. 一对多　　C. 多对一　　D. 多对多

（3）下列关于 Access 数据库中 4 种数据库对象的描述中正确的是（　　）。

A. 使用查询来存储数据

B. 使用表来查找和检索所需的数据

C. 使用窗体来查看、添加和更新表中的数据

D. 使用窗体来分析或打印特定布局中的数据

（4）下列关于 Access 2021 启动方法的描述中正确的是（　　）。

A. 通过“开始”菜单启动。选择“开始”|“所有程序”|“Microsoft Office”|“Microsoft Access 2021”选项，即可启动 Access 程序

B. 通过桌面快捷方式启动。双击桌面上的“Microsoft Access 2021”快捷方式图标，即可启动 Access 程序

C. 通过打开 Access 数据库文件启动。找到需要打开的 Access 数据库文件，如“学生 .accdb”，双击该文件图标即可启动 Access 程序

D. 以上都对

2. 操作题

使用 Access 2021 创建空白数据库，具体要求如下：设置该数据库名称为“学生考勤信息数据库 .accdb”。

实训项目二十二
创建与查询公司考勤信息表

一、实训项目介绍

某旅行公司员工小李需创建员工信息表、员工考勤信息表、员工考勤信息表查询、员工信息表和考勤信息表连接查询，用于公司员工考勤信息的统计和分析。

具体要求如下：

1. 创建员工信息表：启动 Access 2021，打开公司考勤信息数据库；在“创建”选项卡下“表格”组中单击“表”按钮创建数据表，添加字段、输入数据后将该数据表另存为“员工信息表 .accdb”，员工信息表最终效果如图 22–1 所示。

2. 创建员工考勤信息表：在“外部数据”选项卡下“导入并链接”组中单击“新数据源”按钮，在下拉菜单中选择“从文件” | “Excel”选项，选择素材“员工考勤信息表模板 .xlsx”，创建“员工考勤信息表 .accdb”，员工考勤信息表最终效果如图 22–2 所示。

3. 创建员工考勤信息表查询：在“创建”选项卡下“查询”组中单击“查询向导”按钮完成查询的创建，员工考勤信息表查询最终效果如图 22–3 所示。

4. 创建员工信息表和考勤信息表连接查询：在“创建”选项卡下“查询”组中单击“查询设计”按钮完成查询的创建，员工信息表和考勤信息表连接查询最终效果如图 22–4 所示。

二、实训项目分析

要完成本实训项目，应按照图 22–5 所示思维导图复习教材中学到的知识点和技能点。

员工信息表

ID	员工编号	姓名	性别	民族	出生日期	地址	政治面貌	附件	单击以添加
1	11190101	白忠才	男	汉	1993年2月28日	青海省海东市	中共党员	(1)	
2	11190102	张磊	男	汉	1990年2月28日	湖南省长沙市	中共党员	(1)	
3	11190103	李红	女	回	1995年5月28日	海南省海口市	群众	(1)	
4	11190104	刘磊	男	汉	1990年2月28日	湖南省株洲市	中共党员	(1)	
5	11190105	谭佳	女	汉	1995年5月28日	湖南省衡阳市	群众	(1)	
(新建)								(0)	

图 22-1　员工信息表最终效果

员工考勤信息表

ID	员工编号	年份	月份	异常次数	单击以添加
1	11190101	2022	1	0	
2	11190101	2022	2	1	
3	11190101	2022	3	2	
4	11190101	2022	4	1	
5	11190101	2022	5	2	
6	11190101	2022	6	3	
7	11190101	2022	7	0	
8	11190101	2022	8	3	
9	11190102	2022	1	0	
10	11190102	2022	2	0	

记录：第 1 项(共 40 项)　无筛选器　搜索

图 22-2　员工考勤信息表最终效果

员工考勤信息表查询

ID	员工编号	年份	月份	异常次数
1	11190101	2022	1	0
2	11190101	2022	2	1
3	11190101	2022	3	2
4	11190101	2022	4	1
5	11190101	2022	5	2
6	11190101	2022	6	3
7	11190101	2022	7	0
8	11190101	2022	8	3
9	11190102	2022	1	0
10	11190102	2022	2	0
11	11190102	2022	3	0
12	11190102	2022	4	1
13	11190102	2022	5	2
14	11190102	2022	6	3

记录：第 1 项(共 40 项　无筛选器　搜索

表视图　数字　SQL

图 22-3　员工考勤信息表查询最终效果

员工信息表和考勤信息表连接查询

员工编号	姓名	性别	民族	地址	出生日期	政治面貌	年份	月份	异常次数
11190101	白忠才	男	汉	青海省海东市	1993年2月28日	中共党员	2022	2	1
11190101	白忠才	男	汉	青海省海东市	1993年2月28日	中共党员	2022	3	2
11190101	白忠才	男	汉	青海省海东市	1993年2月28日	中共党员	2022	4	1
11190101	白忠才	男	汉	青海省海东市	1993年2月28日	中共党员	2022	5	2
11190101	白忠才	男	汉	青海省海东市	1993年2月28日	中共党员	2022	6	3
11190101	白忠才	男	汉	青海省海东市	1993年2月28日	中共党员	2022	7	0
11190101	白忠才	男	汉	青海省海东市	1993年2月28日	中共党员	2022	8	3
11190101	白忠才	男	汉	青海省海东市	1993年2月28日	中共党员	2022	1	0
11190102	张磊	男	汉	湖南省长沙市	1990年2月28日	中共党员	2022	2	0
11190102	张磊	男	汉	湖南省长沙市	1990年2月28日	中共党员	2022	8	0
11190102	张磊	男	汉	湖南省长沙市	1990年2月28日	中共党员	2022	7	0
11190102	张磊	男	汉	湖南省长沙市	1990年2月28日	中共党员	2022	6	3
11190102	张磊	男	汉	湖南省长沙市	1990年2月28日	中共党员	2022	5	2
11190102	张磊	男	汉	湖南省长沙市	1990年2月28日	中共党员	2022	3	0
11190102	张磊	男	汉	湖南省长沙市	1990年2月28日	中共党员	2022	1	0
11190102	张磊	男	汉	湖南省长沙市	1990年2月28日	中共党员	2022	4	1
11190103	李红	女	回	海南省海口市	1995年5月28日	群众	2022	4	1
11190103	李红	女	回	海南省海口市	1995年5月28日	群众	2022	5	2
11190103	李红	女	回	海南省海口市	1995年5月28日	群众	2022	1	0
11190103	李红	女	回	海南省海口市	1995年5月28日	群众	2022	2	0
11190103	李红	女	回	海南省海口市	1995年5月28日	群众	2022	6	3
11190103	李红	女	回	海南省海口市	1995年5月28日	群众	2022	7	3
11190103	李红	女	回	海南省海口市	1995年5月28日	群众	2022	8	0
11190103	李红	女	回	海南省海口市	1995年5月28日	群众	2022	3	0
11190104	刘磊	男	汉	湖南省株洲市	1990年2月28日	中共党员	2022	6	3
11190104	刘磊	男	汉	湖南省株洲市	1990年2月28日	中共党员	2022	7	2
11190104	刘磊	男	汉	湖南省株洲市	1990年2月28日	中共党员	2022	5	2
11190104	刘磊	男	汉	湖南省株洲市	1990年2月28日	中共党员	2022	4	1
11190104	刘磊	男	汉	湖南省株洲市	1990年2月28日	中共党员	2022	3	0
11190104	刘磊	男	汉	湖南省株洲市	1990年2月28日	中共党员	2022	2	0
11190104	刘磊	男	汉	湖南省株洲市	1990年2月28日	中共党员	2022	1	0
11190104	刘磊	男	汉	湖南省株洲市	1990年2月28日	中共党员	2022	8	0
11190105	谭佳	女	汉	湖南省衡阳市	1995年5月28日	群众	2022	8	0
11190105	谭佳	女	汉	湖南省衡阳市	1995年5月28日	群众	2022	1	0
11190105	谭佳	女	汉	湖南省衡阳市	1995年5月28日	群众	2022	2	0
11190105	谭佳	女	汉	湖南省衡阳市	1995年5月28日	群众	2022	3	0
11190105	谭佳	女	汉	湖南省衡阳市	1995年5月28日	群众	2022	4	1
11190105	谭佳	女	汉	湖南省衡阳市	1995年5月28日	群众	2022	5	2
11190105	谭佳	女	汉	湖南省衡阳市	1995年5月28日	群众	2022	6	3
11190105	谭佳	女	汉	湖南省衡阳市	1995年5月28日	群众	2022	7	3

记录: 第 1 项(共 40 项) 无筛选器 搜索

数据表视图 数字

图 22-4 员工信息表和考勤信息表连接查询最终效果

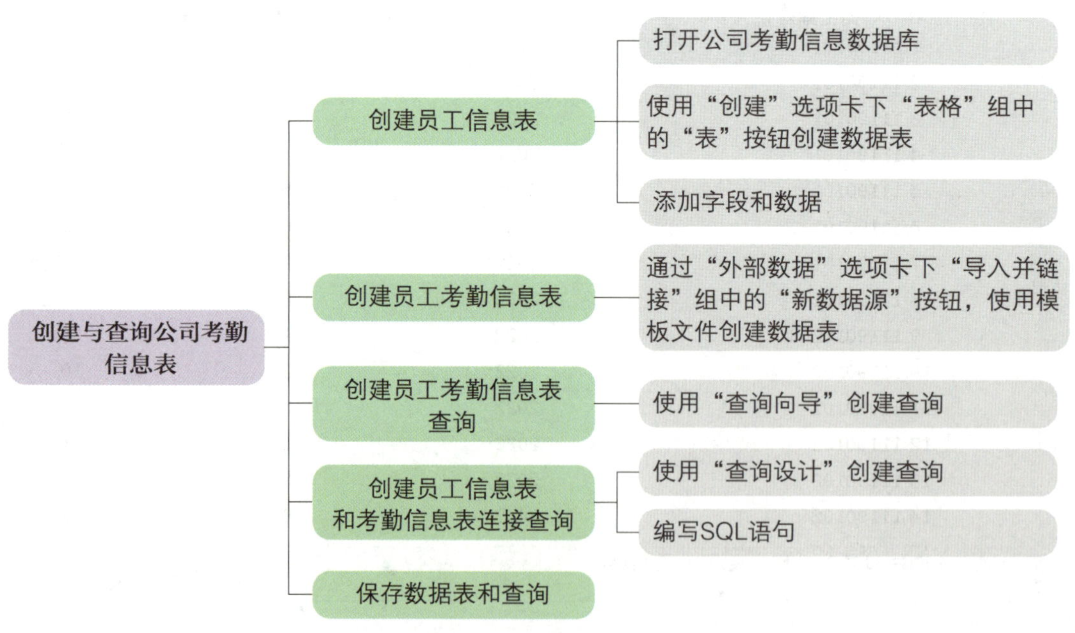

图 22-5 项目思维导图

为完成本实训项目，需启动 Access 2021，通过两种不同的方式创建员工信息表和员工考勤信息表，在此基础上分别完成员工考勤信息表查询、员工信息表和考勤信息表连接查询的创建。

在完成本实训项目的过程中，注意创建员工信息表成功后默认展示的是“数据表视图”，切换到“设计视图”才能添加和修改字段，添加字段时注意选择合适的数据类型，Access 2021 中有 14 种数据类型，分别是短文本、长文本、数字、大型页码、日期 / 时间、日期 / 时间已延长、货币、自动编号、是 / 否、OLE 对象、超级链接、附件、计算、查询向导。

三、实训计划制订

根据实训项目分析，学生自己制订完成本实训项目的实训计划，并填写在表 22-1 中。

表 22-1　实训计划

序号	工作内容	所需时间

四、操作步骤提示

本实训项目的操作步骤提示见表 22-2。

表 22-2　操作步骤提示

序号	操作步骤	内容
1	创建员工信息表	（1）在 Access 2021 中打开公司考勤信息数据库 （2）在“创建”选项卡下“表格”组中单击“表”按钮创建空表“表 1” （3）在选项卡文档区域用鼠标右键单击“表 1”标签，在弹出的快捷菜单中选择“保存”选项，将“表名称”更改为“员工信息表”，完成空表的创建 （4）将“数据表视图”切换为“设计视图”，添加数据表的字段 “员工信息表”中的字段和数据类型见下表

续表

<table>
<tr><th>序号</th><th>操作步骤</th><th>内容</th></tr>
<tr><td>1</td><td>创建员工信息表</td><td>
<table>
<tr><th>字段</th><th>是否为主键</th><th>数据类型</th></tr>
<tr><td>ID</td><td>是</td><td>自动编号</td></tr>
<tr><td>员工编号</td><td>否</td><td>短文本</td></tr>
<tr><td>姓名</td><td>否</td><td>短文本</td></tr>
<tr><td>性别</td><td>否</td><td>短文本</td></tr>
<tr><td>民族</td><td>否</td><td>短文本</td></tr>
<tr><td>出生日期</td><td>否</td><td>日期 / 时间</td></tr>
<tr><td>地址</td><td>否</td><td>短文本</td></tr>
<tr><td>政治面貌</td><td>否</td><td>短文本</td></tr>
<tr><td>照片</td><td>否</td><td>附件</td></tr>
</table>
（5）将“设计视图”切换为“数据表视图”，添加数据</td></tr>
<tr><td>2</td><td>创建员工考勤信息表</td><td>在“外部数据”选项卡下“导入并链接”组中单击“新数据源”按钮，在下拉菜单中选择“从文件”｜“Excel”选项，选择素材“员工考勤信息表模板.xlsx”后，选择将数据源导入当前数据库的新表中，之后按步骤完成数据表的创建，创建完成后另存为“员工考勤信息表”
“员工考勤信息表”中的字段和数据类型见下表
<table>
<tr><th>字段</th><th>是否为主键</th><th>数据类型</th></tr>
<tr><td>ID</td><td>是</td><td>自动编号</td></tr>
<tr><td>员工编号</td><td>否</td><td>短文本</td></tr>
<tr><td>年份</td><td>否</td><td>数字</td></tr>
<tr><td>月份</td><td>否</td><td>数字</td></tr>
<tr><td>异常次数</td><td>否</td><td>数字</td></tr>
</table></td></tr>
<tr><td>3</td><td>创建员工考勤信息表查询</td><td>在“创建”选项卡下“查询”组中单击“查询向导”按钮，选择查询向导类型为“简单查询向导”，在“表 / 查询”下拉列表中选择“表：员工考勤信息表”选项，从“可用字段”列表框中选择所需要的字段，将其添加到“选定字段”列表框中，创建完成后将其另存为“员工考勤信息表查询”</td></tr>
<tr><td>4</td><td>创建员工信息表和考勤信息表连接查询</td><td>（1）在“创建”选项卡下“查询”组中单击“查询设计”按钮，生成名为“查询 1”的设计窗口
（2）在选项卡文档区域的“查询 1”标签上单击鼠标右键，在弹出的快捷菜单中选择“SQL 视图”
（3）在“SQL 视图”下输入以下 SQL 语句来实现查询功能
SELECT 员工信息表.员工编号，员工信息表.姓名，员工信息表.性别，员工信息表.民族，员工信息表.地址，员工信息表.出生日期，员工信息表.</td></tr>
</table>

续表

序号	操作步骤	内容
4	创建员工信息表和考勤信息表连接查询	政治面貌，员工考勤信息表．年份，员工考勤信息表．月份，员工考勤信息表．异常次数 FROM 员工考勤信息表，员工信息表 WHERE (((员工考勤信息表．员工编号)=［员工信息表］.［员工编号］)); （4）将“查询 1”另存为“员工信息表和考勤信息表连接查询”
5	保存数据表和查询	保存数据表和查询，并退出 Access 2021

五、操作要点记录

在表 22–3 中记录本实训项目的操作要点。

表 22–3　操作要点记录

序号	操作要点	备注

六、运行与修改记录

运行并修改数据表和查询文件，排除出现的错误，并在表 22–4 中做好记录。

表 22–4　运行与修改记录

序号	出现错误	错误原因	处理方法

七、实训评价

本实训项目完成后，学生展示数据库表创建与查询成果，解说在完成项目过程中的心得体会。展示结束后，从职业素养、专业能力、工作成果等方面对该实训项目进行评价，采用自我评价、小组评价、教师评价相结合的多元评价方式，见表 22-5。

表 22-5 实训评价

序号	评价内容	配分/分	评价分数		
			自我评价（占比 30%）	小组评价（占比 30%）	教师评价（占比 40%）
1	对实训项目的分析准确到位	10			
2	软件运用熟练，操作得当	10			
3	能熟练创建员工信息表	15			
4	能熟练创建员工考勤信息表	15			
5	能熟练创建员工考勤信息表查询	15			
6	能熟练创建员工信息表和考勤信息表连接查询	20			
7	能正确展示及解说项目成果	15			
学生姓名		综合评分			

八、巩固与练习

1. 选择题

（1）一张学生表中有姓名、学号、性别、班级等字段，其中适合作为主关键字的字段是（　　）。

A. 姓名　　B. 学号　　C. 性别　　D. 班级

（2）若需在一张表中添加 Internet 站点的网址，该网址字段应采用的数据类型是（　　）。

A. OLE 对象　　B. 超链接

C. 查阅向导　　D. 自动编号

（3）如果在创建表中建立字段“性别”，并要求用汉字表示，其数据类型应为（　　）。

A. 是 / 否　　B. 数字　　C. 文本　　D. 备注

（4）如果要将大小为 3 KB 的纯文本块存入一个字段，应选用的字段类型是（　　）。

A. 短文本　　B. 长文本

C. OLE 对象　　D. 附件

（5）成本表中有装修费、人工费、水电费和总成本等字段，其中，总成本 = 装修费 + 人工费 + 水电费，在创建表时应将字段“总成本”的数据类型定义为（　　）。

A. 数字　　B. 单精度

C. 双精度　　D. 计算

（6）在数据库中有教师表(教师号、教师名)、学生表(学号、学生名)和课程表(课程号、课程名)三个基本情况表。在学校里一名教师可主讲多门课程，一名学生可选修多门课程，则教师与学生之间形成了多对多的关系。为反映这种师生关系，在数据库中应增加新的表。则下列关于新表的设计中，最合理的设计是（　　）。

A. 增加两个表：学生选课表(学号、课程号)、教师任课表(教师号、课程号)

B. 增加一个表：学生选课及教师任课表(学号、课程号、教师号)

C. 增加一个表：学生选课及教师任课表(学号、学生名、课程号、课程名、教师号、教师名)

D. 增加两个表：学生选课表(学号、课程号、课程名)、教师任课表(教师号、课程号、课程名)

2. 操作题

使用 Access 2021 创建学生信息表、学生考勤信息表、学生信息表查询、学生信息表和考勤信息表连接查询。具体要求如下：使用“创建”选项卡下“表格”组中的“表”按钮创建学生信息表，学生信息表最终效果如图 22-6 所示；使用模板文件创建学生考勤信息表，学生考勤信息表最终效果如图 22-7 所示；使用“查询向导”创建学生信息表查询，学生信息表查询最终效果如图 22-8 所示；使用“查询设计”创建学生信息表和考勤信息表连接查询，学生信息表和考勤信息表连接查询最终效果如图 22-9 所示。

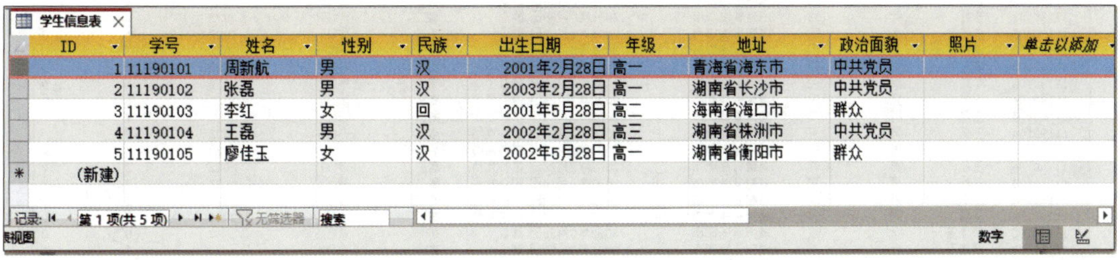

学生信息表

ID	学号	姓名	性别	民族	出生日期	年级	地址	政治面貌	照片	单击以添加
1	11190101	周新航	男	汉	2001年2月28日	高一	青海省海东市	中共党员		
2	11190102	张磊	男	汉	2003年2月28日	高一	湖南省长沙市	中共党员		
3	11190103	李红	女	回	2001年5月28日	高二	海南省海口市	群众		
4	11190104	王磊	男	汉	2002年2月28日	高三	湖南省株洲市	中共党员		
5	11190105	廖佳玉	女	汉	2002年5月28日	高一	湖南省衡阳市	群众		
(新建)										

记录: 第 1 项(共 5 项)　无筛选器　搜索

表视图　　数字

图 22-6　学生信息表最终效果

学生考勤信息表

ID	学号	年份	月份	异常次数	单击以添加
7	11190101	2022	7	0	
8	11190101	2022	8	3	
9	11190102	2022	1	0	
10	11190102	2022	2	0	
11	11190102	2022	3	0	
12	11190102	2022	4	1	
13	11190102	2022	5	2	
14	11190102	2022	6	3	
15	11190102	2022	7	0	
16	11190102	2022	8	0	
17	11190103	2022	1	0	
18	11190103	2022	2	0	
19	11190103	2022	3	0	
20	11190103	2022	4	1	
21	11190103	2022	5	0	
22	11190103	2022	6	0	
23	11190103	2022	7	0	
24	11190103	2022	8	0	

记录: 第 9 项(共 32 项) 无筛选器 搜索
表视图 数字

图 22-7　学生考勤信息表最终效果

学生信息表查询

ID	学号	姓名	性别	民族	出生日期	年级	地址	政治面貌	照片
1	11190101	周新航	男	汉	2001年2月28日	高一	青海省海东市	中共党员	
2	11190102	张磊	男	汉	2003年2月28日	高一	湖南省长沙市	中共党员	
3	11190103	李红	女	回	2001年5月28日	高二	海南省海口市	群众	
4	11190104	王磊	男	汉	2002年2月28日	高三	湖南省株洲市	中共党员	
5	11190105	廖佳玉	女	汉	2002年5月28日	高一	湖南省衡阳市	群众	
(新建)									

记录: 第 1 项(共 5 项) 无筛选器 搜索
表视图 数字

图 22-8　学生信息表查询最终效果

学生信息表和考勤信息表连接查询

学号	姓名	性别	民族	地址	出生日期	政治面貌	年级	照片	年份	月份	异常次数
11190101	周新航	男	汉	青海省海东市	2001年2月28日	中共党员	高一	(1)	2022	2	1
11190101	周新航	男	汉	青海省海东市	2001年2月28日	中共党员	高一	(1)	2022	3	2
11190101	周新航	男	汉	青海省海东市	2001年2月28日	中共党员	高一	(1)	2022	4	1
11190101	周新航	男	汉	青海省海东市	2001年2月28日	中共党员	高一	(1)	2022	5	2
11190101	周新航	男	汉	青海省海东市	2001年2月28日	中共党员	高一	(1)	2022	6	3
11190101	周新航	男	汉	青海省海东市	2001年2月28日	中共党员	高一	(1)	2022	7	0
11190101	周新航	男	汉	青海省海东市	2001年2月28日	中共党员	高一	(1)	2022	8	3
11190101	周新航	男	汉	青海省海东市	2001年2月28日	中共党员	高一	(1)	2022	1	0
11190102	张磊	男	汉	湖南省长沙市	2003年2月28日	中共党员	高一	(1)	2022	2	0
11190102	张磊	男	汉	湖南省长沙市	2003年2月28日	中共党员	高一	(1)	2022	8	0
11190102	张磊	男	汉	湖南省长沙市	2003年2月28日	中共党员	高一	(1)	2022	7	0
11190102	张磊	男	汉	湖南省长沙市	2003年2月28日	中共党员	高一	(1)	2022	6	3
11190102	张磊	男	汉	湖南省长沙市	2003年2月28日	中共党员	高一	(1)	2022	5	2
11190102	张磊	男	汉	湖南省长沙市	2003年2月28日	中共党员	高一	(1)	2022	3	0
11190102	张磊	男	汉	湖南省长沙市	2003年2月28日	中共党员	高一	(1)	2022	1	0
11190102	张磊	男	汉	湖南省长沙市	2003年2月28日	中共党员	高一	(1)	2022	4	1
11190103	李红	女	回	海南省海口市	2001年5月28日	群众	高二	(1)	2022	4	1
11190103	李红	女	回	海南省海口市	2001年5月28日	群众	高二	(1)	2022	5	0
11190103	李红	女	回	海南省海口市	2001年5月28日	群众	高二	(1)	2022	1	0
11190103	李红	女	回	海南省海口市	2001年5月28日	群众	高二	(1)	2022	2	0
11190103	李红	女	回	海南省海口市	2001年5月28日	群众	高二	(1)	2022	6	0
11190103	李红	女	回	海南省海口市	2001年5月28日	群众	高二	(1)	2022	7	0
11190103	李红	女	回	海南省海口市	2001年5月28日	群众	高二	(1)	2022	8	0
11190103	李红	女	回	海南省海口市	2001年5月28日	群众	高二	(1)	2022	3	0
11190104	王磊	男	汉	湖南省株洲市	2002年2月28日	中共党员	高三	(1)	2022	6	0
11190104	王磊	男	汉	湖南省株洲市	2002年2月28日	中共党员	高三	(1)	2022	7	0
11190104	王磊	男	汉	湖南省株洲市	2002年2月28日	中共党员	高三	(1)	2022	5	0
11190104	王磊	男	汉	湖南省株洲市	2002年2月28日	中共党员	高三	(1)	2022	4	0
11190104	王磊	男	汉	湖南省株洲市	2002年2月28日	中共党员	高三	(1)	2022	3	0
11190104	王磊	男	汉	湖南省株洲市	2002年2月28日	中共党员	高三	(1)	2022	2	0
11190104	王磊	男	汉	湖南省株洲市	2002年2月28日	中共党员	高三	(1)	2022	1	0
11190104	王磊	男	汉	湖南省株洲市	2002年2月28日	中共党员	高三	(1)	2022	8	0
11190105	廖佳玉	女	汉	湖南省衡阳市	2002年5月28日	群众	高一	(1)	0	8	0
11190105	廖佳玉	女	汉	湖南省衡阳市	2002年5月28日	群众	高一	(1)	0	1	0
11190105	廖佳玉	女	汉	湖南省衡阳市	2002年5月28日	群众	高一	(1)	0	2	0
11190105	廖佳玉	女	汉	湖南省衡阳市	2002年5月28日	群众	高一	(1)	0	3	0
11190105	廖佳玉	女	汉	湖南省衡阳市	2002年5月28日	群众	高一	(1)	0	4	0
11190105	廖佳玉	女	汉	湖南省衡阳市	2002年5月28日	群众	高一	(1)	0	5	0
11190105	廖佳玉	女	汉	湖南省衡阳市	2002年5月28日	群众	高一	(1)	0	6	0
11190105	廖佳玉	女	汉	湖南省衡阳市	2002年5月28日	群众	高一	(1)	0	7	0

记录: 第 1 项(共 40 项) 无筛选器 搜索

图 22-9　学生信息表和考勤信息表连接查询最终效果

学生信息表中的字段和数据类型见表 22-6。

表 22-6　学生信息表中的字段和数据类型

字段	是否为主键	数据类型
ID	是	自动编号
学号	否	短文本
姓名	否	短文本
性别	否	短文本
民族	否	短文本
出生日期	否	日期 / 时间
年级	否	短文本
地址	否	短文本
政治面貌	否	短文本
照片	否	附件

学生考勤信息表中的字段和数据类型见表 22-7。

表 22-7　学生考勤信息表中的字段和数据类型

字段	是否为主键	数据类型
ID	是	自动编号
学号	否	短文本
年份	否	数字
月份	否	数字
异常次数	否	数字

实训项目二十三
创建和编辑公司考勤信息窗体

一、实训项目介绍

某旅行公司员工小李需创建员工信息窗体和员工考勤异常信息窗体，用于员工考勤信息的展示、统计和分析。

具体要求如下：

1. 创建员工信息窗体：启动 Access 2021，打开公司考勤信息数据库；选择员工信息表，单击“创建”选项卡下“窗体”组中的“窗体”按钮完成窗体的创建。员工信息窗体最终效果如图 23-1 所示。

图 23-1　员工信息窗体最终效果

2. 创建员工考勤异常信息窗体：选择“员工信息表和考勤信息表连接查询”，单击“创建”选项卡下“窗体”组中的“窗体向导”，在“表/查询”下拉列表中选择窗体的数据源，在“可用字段”列表框中选择将要在窗体上显示的字段，选择窗体的布局为“表格”，之后按步骤完成窗体的创建。员工考勤异常信息窗体最终效果如图 23–2 所示。

员工编号	姓名	性别	民族	地址	出生日期	政治面貌	年份	月份	异常次数
11190101	白忠才	男	汉	青海省海东市	1993年2月28日	中共党员	2022	2	1
11190101	白忠才	男	汉	青海省海东市	1993年2月28日	中共党员	2022	3	2
11190101	白忠才	男	汉	青海省海东市	1993年2月28日	中共党员	2022	4	1
11190101	白忠才	男	汉	青海省海东市	1993年2月28日	中共党员	2022	5	2
11190101	白忠才	男	汉	青海省海东市	1993年2月28日	中共党员	2022	6	3
11190101	白忠才	男	汉	青海省海东市	1993年2月28日	中共党员	2022	7	0
11190101	白忠才	男	汉	青海省海东市	1993年2月28日	中共党员	2022	8	3
11190101	白忠才	男	汉	青海省海东市	1993年2月28日	中共党员	2022	1	0
11190102	张磊	男	汉	湖南省长沙市	1990年2月28日	中共党员	2022	2	0
11190102	张磊	男	汉	湖南省长沙市	1990年2月28日	中共党员	2022	8	0
11190102	张磊	男	汉	湖南省长沙市	1990年2月28日	中共党员	2022	7	0

图 23–2　员工考勤异常信息窗体最终效果

二、实训项目分析

要完成本实训项目，应按照图 23–3 所示思维导图复习教材中学到的知识点和技能点。

为完成本实训项目，需启动 Access 2021，通过两种方式创建员工信息窗体和员工考勤异常信息窗体，在此基础上完成窗体的编辑。

在完成本实训项目的过程中，注意在创建员工考勤异常信息窗体时，窗体布局需选择“表格”布局；编辑窗体时，使用“主题”组、“页眉/页脚”组、“工具”组的功能时需打开“窗体布局设计”选项卡，使用“字体”组、“控件格式”组的功能时需打开“格式”选项卡。

三、实训计划制订

根据实训项目分析，学生自己制订完成本实训项目的实训计划，并填写在表 23–1 中。

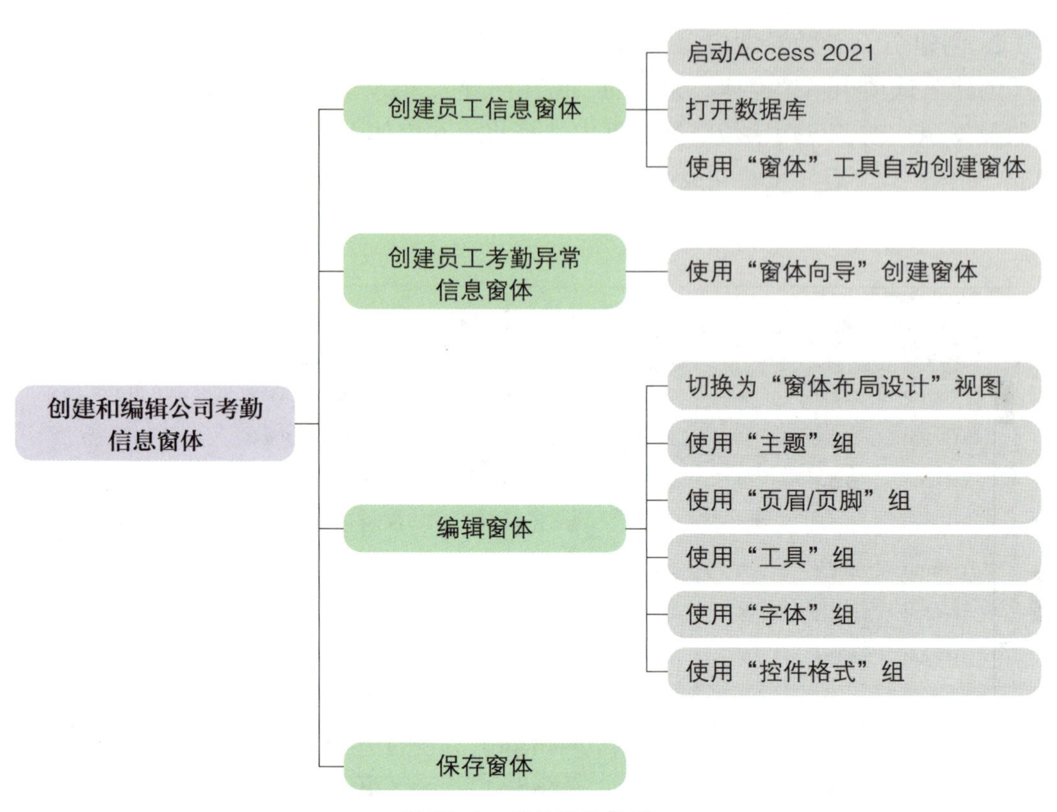

图 23-3 项目思维导图

表 23-1 实训计划

序号	工作内容	所需时间

四、操作步骤提示

本实训项目的操作步骤提示见表 23-2。

表 23–2　操作步骤提示

序号	操作步骤	内容
1	创建员工信息窗体	在 Access 2021 中打开公司考勤信息数据库，在导航窗格中选择“员工信息表”，单击“创建”选项卡下“窗体”组中的“窗体”按钮完成窗体的创建，并将该窗体另存为“员工信息窗体”
2	创建员工考勤异常信息窗体	（1）在导航窗格中选择“员工信息表和考勤信息表连接查询” （2）在“创建”选项卡下“窗体”组中单击“窗体向导”按钮 （3）在“表 / 查询”下拉列表中选择窗体的数据源，在“可用字段”列表框中选择将要在窗体上显示的字段，选择窗体的布局为“表格”，创建完成后将该窗体另存为“员工考勤异常信息窗体”
3	编辑窗体	将窗体显示的视图切换为“布局视图”，分别使用“窗体布局设计”选项卡下“主题”组、“页眉 / 页脚”组、“工具”组的功能按钮和“格式”选项卡下“字体”组、“控件格式”组的功能按钮完成窗体的编辑
4	保存窗体	保存窗体并退出 Access 2021

五、操作要点记录

在表 23–3 中记录本实训项目的操作要点。

表 23–3　操作要点记录

序号	操作要点	备注

六、运行与修改记录

运行并修改数据窗体，排除出现的错误，并在表 23–4 中做好记录。

表 23-4　运行与修改记录

序号	出现错误	错误原因	处理方法

七、实训评价

本实训项目完成后，学生展示数据库窗体创建和编辑成果，解说在完成项目过程中的心得体会。展示结束后，从职业素养、专业能力、工作成果等方面对该实训项目进行评价，采用自我评价、小组评价、教师评价相结合的多元评价方式，见表 23-5。

表 23-5　实训评价

序号	评价内容	配分 / 分	评价分数		
			自我评价（占比 30%）	小组评价（占比 30%）	教师评价（占比 40%）
1	对实训项目的分析准确到位	10			
2	软件运用熟练，操作得当	10			
3	能熟练使用“窗体”工具创建员工信息窗体	20			
4	能熟练使用“窗体向导”创建员工考勤异常信息窗体	20			
5	能熟练编辑窗体	20			
6	能正确展示及解说项目成果	20			
学生姓名		综合评分			

八、巩固与练习

1. 选择题

（1）在 Access 2021 中，窗体最多可包含（　　）个区域。

A. 3　　B. 4　　C. 5　　D. 6

（2）Access 2021 对于窗体对象的使用提供了三种不同的视图，其中不包括（　　）。

A. 窗体视图　　　　B. 布局视图

C. 设计视图　　　　D. 打印预览视图

（3）在 Access 2021 中，控件的属性按照其功能主要分为（　　）、数据、事件、其他和全部五大类。

A. 格式　　　　B. 查询

C. 视图　　　　D. 窗体

（4）主窗体和子窗体通常用于显示多个表或查询中的数据，这些表或查询中的数据一般应具有的关系是（　　）。

A. 一对一　　　　B. 一对多

C. 多对多　　　　D. 关联

（5）通过窗体输入职工基本信息，其中职称字段只能从教授、副教授、讲师、助教和其他中选择其一。为防止职称字段输入出错，则窗体中输入职称字段应选择的控件是（　　）。

A. 文本框　　　　B. 列表框

C. 组合框　　　　D. 复选框

2. 操作题

使用 Access 2021，创建学生信息窗体和学生考勤异常信息窗体，具体要求如下：学生信息窗体使用“窗体”工具自动创建，学生信息窗体最终效果如图 23–4 所示；学生考勤异常信息窗体使用“窗体向导”创建，学生考勤异常信息窗体最终效果如图 23–5 所示。

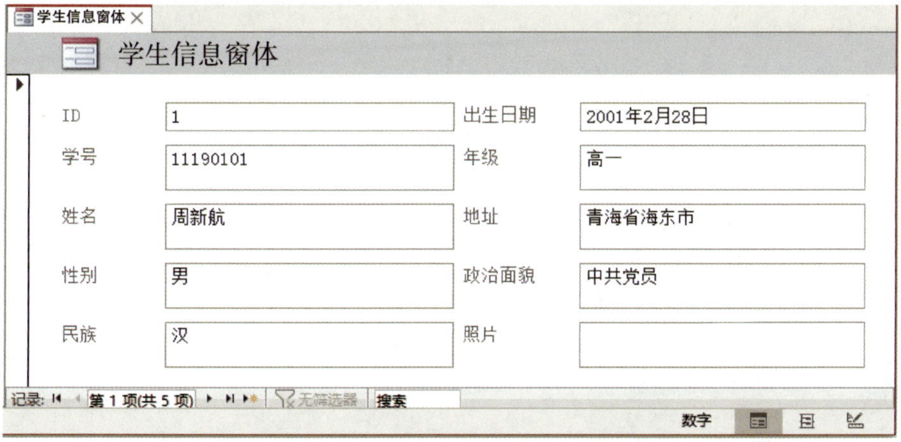

图 23–4　学生信息窗体最终效果

学生考勤异常信息窗体

学号	姓名	性别	民族	地址	出生日期	政治面貌	年份	月份	异常次
11190101	周新航	男	汉	青海省海东市	2001年2月28日	中共党员	2022	2	1
11190101	周新航	男	汉	青海省海东市	2001年2月28日	中共党员	2022	3	2
11190101	周新航	男	汉	青海省海东市	2001年2月28日	中共党员	2022	4	1
11190101	周新航	男	汉	青海省海东市	2001年2月28日	中共党员	2022	5	2
11190101	周新航	男	汉	青海省海东市	2001年2月28日	中共党员	2022	6	3
11190101	周新航	男	汉	青海省海东市	2001年2月28日	中共党员	2022	7	0
11190101	周新航	男	汉	青海省海东市	2001年2月28日	中共党员	2022	8	3
11190101	周新航	男	汉	青海省海东市	2001年2月28日	中共党员	2022	1	0
11190102	张磊	男	汉	湖南省长沙市	2003年2月28日	中共党员	2022	2	0

记录: 第 1 项(共 40 项) 无筛选器 搜索

图 23-5 学生考勤异常信息窗体最终效果

实训项目二十四
创建和编辑公司考勤信息报表

一、实训项目介绍

某旅行公司员工小李需创建员工考勤信息报表、员工考勤信息表 - 子报表、员工考勤信息纵横报表和员工考勤异常信息报表，用于员工考勤信息的展示、统计和分析。

具体要求如下：

1. 创建员工信息报表：启动 Access 2021，打开素材“公司考勤信息数据库.accdb”；选择员工信息表，单击“创建”选项卡下“报表”组中的“报表”按钮完成报表的创建，员工信息报表最终效果如图 24-1 所示。

员工信息报表

员工信息报表　2023年6月20日 16:50:02

ID	员工编号	姓名	性别	民族	出生日期	地址	政治面貌	照片
1	11190101	白忠才	男	汉	1993年2月28日	青海省海东市	中共党员	
2	11190102	张磊	男	汉	1990年2月28日	湖南省长沙市	中共党员	
3	11190103	李红	女	回	1995年5月28日	海南省海口市	群众	
4	11190104	刘磊	男	汉	1990年2月28日	湖南省株洲市	中共党员	
5	11190105	谭佳	女	汉	1995年5月28日	湖南省衡阳市	群众	

共 1 页，第 1 页

图 24-1　员工信息报表最终效果

2. 创建员工考勤信息表 – 子报表：选择员工考勤信息表，单击“创建”选项卡下“报表”组中的“报表向导”按钮完成报表的创建，员工考勤信息表 – 子报表最终效果如图 24–2 所示。

员工考勤信息表-子报表

员工编号	年份	月份	异常次数
11190101	2022	2	1
11190101	2022	3	2
11190101	2022	4	1
11190101	2022	5	2
11190101	2022	6	3
11190101	2022	7	0
11190101	2022	8	3
11190101	2022	1	0
11190102	2022	2	0
11190102	2022	8	0
11190102	2022	7	0
11190102	2022	6	3
11190102	2022	5	2
11190102	2022	3	0
11190102	2022	1	0
11190102	2022	4	1

图 24–2　员工考勤信息表 – 子报表最终效果

3. 创建员工考勤信息纵横报表：选择员工考勤信息表，单击“创建”选项卡下“报表”组中的“报表向导”按钮完成报表的创建，员工考勤信息纵横报表最终效果如图 24–3 所示。

4. 创建员工考勤异常信息报表：选择员工考勤信息表，单击“创建”选项卡下“报表”组中的“报表设计”按钮完成报表的创建，员工考勤异常信息报表最终效果如图 24–4 所示。

二、实训项目分析

要完成本实训项目，应按照图 24–5 所示思维导图复习教材中学到的知识点和技能点。

员工考勤信息纵横报表

员工编号	ID	年份	月份	异常次数
11190101				
	2	2022	2	1
	3	2022	3	2
	4	2022	4	1
	5	2022	5	2
	6	2022	6	3
	7	2022	7	0
	8	2022	8	3
	1	2022	1	0
汇总 '员工编号' = 11190101（8 项明细记录）				
合计				12
平均值				1.5
11190102				
	10	2022	2	0
	16	2022	8	0
	15	2022	7	0
	14	2022	6	3
	13	2022	5	2
	11	2022	3	0
	9	2022	1	0
	12	2022	4	1
汇总 '员工编号' = 11190102（8 项明细记录）				
合计				6
平均值				0.75

图 24-3　员工考勤信息纵横报表最终效果

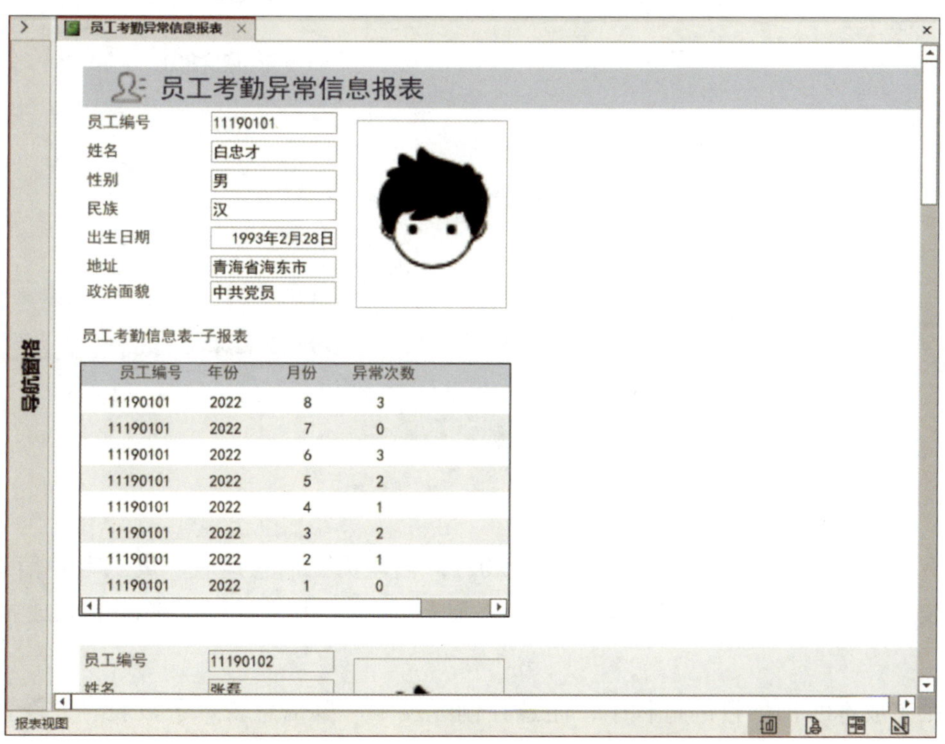

图 24-4　员工考勤异常信息报表最终效果

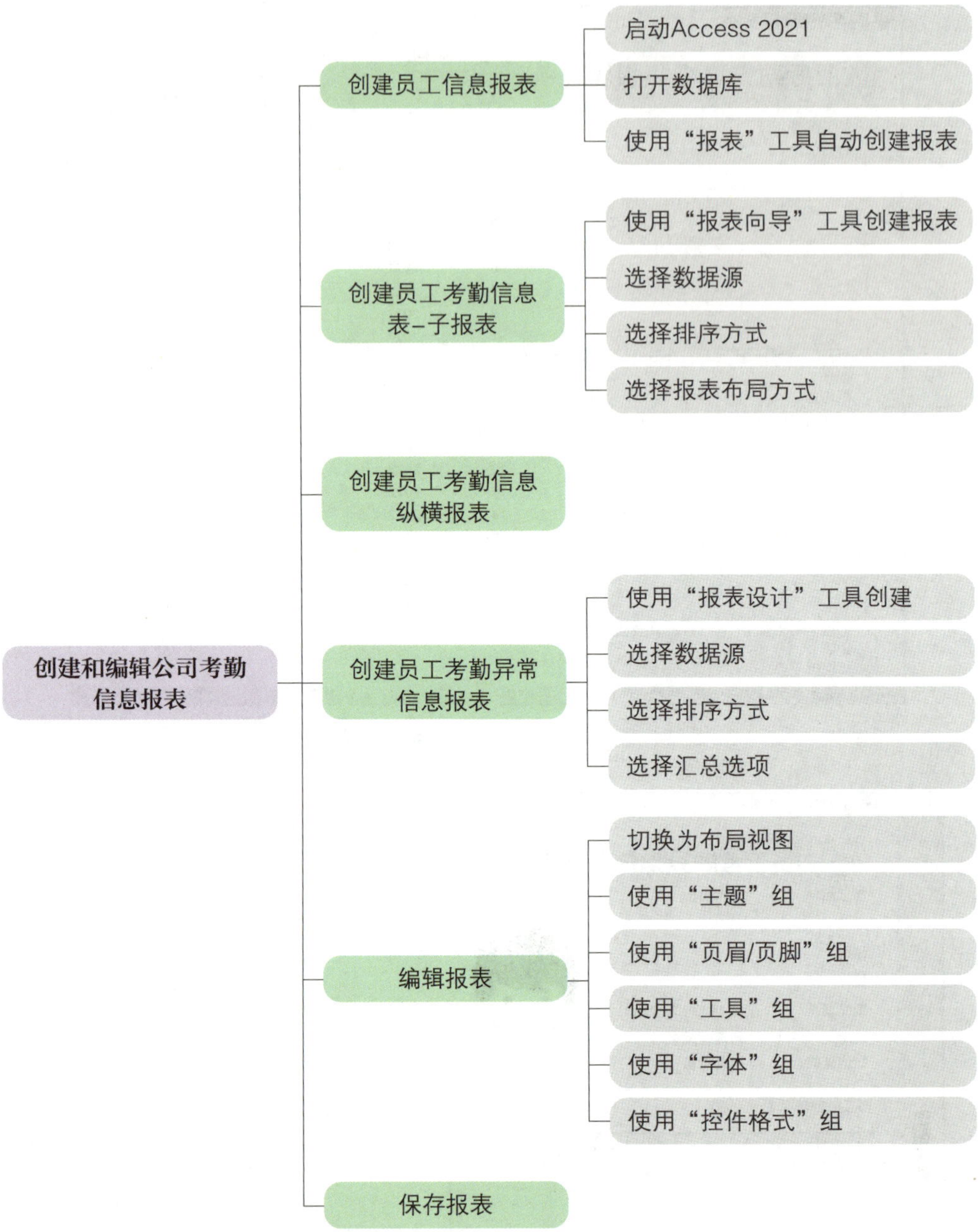

- 创建和编辑公司考勤信息报表
  - 创建员工信息报表
    - 启动Access 2021
    - 打开数据库
    - 使用“报表”工具自动创建报表
  - 创建员工考勤信息表–子报表
    - 使用“报表向导”工具创建报表
    - 选择数据源
    - 选择排序方式
    - 选择报表布局方式
  - 创建员工考勤信息纵横报表
  - 创建员工考勤异常信息报表
    - 使用“报表设计”工具创建
    - 选择数据源
    - 选择排序方式
    - 选择汇总选项
  - 编辑报表
    - 切换为布局视图
    - 使用“主题”组
    - 使用“页眉/页脚”组
    - 使用“工具”组
    - 使用“字体”组
    - 使用“控件格式”组
  - 保存报表

图 24-5　项目思维导图

为完成本实训项目，需启动 Access 2021，创建员工信息报表、员工考勤信息表 – 子报表、员工考勤信息纵横报表和员工考勤异常信息报表，在此基础上完成报表的编辑。

在完成本实训项目的过程中，注意在创建员工考勤信息表 – 子报表时，设置“排序次序”按照“员工编号”升序排列，设置“报表布局”选择“表格”布局；在创建员工考勤信息纵横报表时，要选择“员工编号”作为一级分组，在“汇总选项”对话框中选择计算“异常次数”的“汇总”和“平均”，并选择显示“明细和汇总”；编辑报表需使用“报表布局设计”选项卡和“格式”选项卡。

三、实训计划制订

根据实训项目分析，学生自己制订完成本实训项目的实训计划，并填写在表24-1中。

表24-1　实训计划

序号	工作内容	所需时间

四、操作步骤提示

本实训项目的操作步骤提示见表24-2。

表24-2　操作步骤提示

序号	操作步骤	内容
1	创建员工信息报表	在Access 2021中打开公司考勤信息数据库；在导航窗格中选择“员工信息表”，单击“创建”选项卡下“报表”组中的“报表”按钮完成报表的创建，并将该报表另存为“员工信息报表”
2	创建员工考勤信息表－子报表	（1）选择员工考勤信息表，单击“创建”选项卡下“报表”组中的“报表向导”按钮创建报表 （2）在“表/查询”下拉列表中选择报表的数据源，在“可用字段”列表框中选择将要在报表上显示的字段，在报表分组中不选择任何分组级别，设置“排序次序”按照“员工编号”升序排列，设置“报表布局”为“表格”布局，创建完成后将该报表另存为“员工考勤信息表－子报表”
3	创建员工考勤信息纵横报表	（1）选择员工考勤信息表，单击“创建”选项卡下“报表”组中的“报表向导”按钮，弹出“报表向导”对话框 （2）在“表/查询”下拉列表中选择报表的数据源“表：员工考勤信息表”，将“可用字段”列表框中的所有字段移动到“选定字段”列

续表

序号	操作步骤	内容
3	创建员工考勤信息纵横报表	表框，选择字段“员工编号”作为一级分组，在“排序次序”中不选择记录所用的排序次序，单击“汇总选项”按钮，弹出“汇总选项”对话框，选择计算“异常次数”的“汇总”和“平均”，并选择显示“明细和汇总”，完成后将该报表另存为“员工考勤信息纵横报表”
4	创建员工考勤异常信息报表	（1）选择员工考勤信息表，单击“创建”选项卡下“报表”组中的“报表设计”按钮，空报表“报表1”以“设计视图”在文档区域打开，在右侧的字段列表中选择“员工考勤信息表”的所有字段，依次拖动至报表主体区域中，并分别对标签和文本框的宽度及位置进行调整 （2）单击“报表设计”选项卡下“控件”组中的“子窗体 / 子报表”按钮，在主体区域中选择合适的位置，单击鼠标左键向报表中添加子报表控件，在“子报表向导”对话框的“使用现有的表和查询”和“使用现有的报表和窗体”的展示列表中选择“员工考勤信息表 - 子报表” （3）单击快速访问工具栏中的“保存”按钮，将报表另存为“员工考勤异常信息报表”
5	编辑报表	将报表显示的视图切换为“布局视图”，分别使用“报表布局设计”选项卡下“主题”组、“页眉 / 页脚”组、“工具”组的功能按钮和“格式”选项卡下“字体”组、“控件格式”组的功能按钮完成报表的编辑
6	保存报表	保存报表并退出 Access 2021

五、操作要点记录

在表 24–3 中记录本实训项目的操作要点。

表 24–3　操作要点记录

序号	操作要点	备注

六、运行与修改记录

运行并修改数据报表，排除出现的错误，并在表 24–4 中做好记录。

表 24-4 运行与修改记录

序号	出现错误	错误原因	处理方法

七、实训评价

本实训项目完成后，学生展示数据库报表创建和编辑成果，解说在完成项目过程中的心得体会。展示结束后，从职业素养、专业能力、工作成果等方面对该实训项目进行评价，采用自我评价、小组评价、教师评价相结合的多元评价方式，见表 24-5。

表 24-5 实训评价

序号	评价内容	配分 / 分	评价分数		
			自我评价（占比 30%）	小组评价（占比 30%）	教师评价（占比 40%）
1	对实训项目的分析准确到位	10			
2	软件运用熟练，操作得当	10			
3	能熟练使用“报表”工具创建员工信息报表	10			
4	能熟练使用“报表向导”创建员工考勤信息表 - 子报表	20			
5	能熟练使用“报表向导”创建员工考勤信息纵横报表	20			
6	能熟练使用“报表设计”创建员工考勤异常信息报表	20			
7	能正确展示及解说项目成果	10			
学生姓名		综合评分			

八、巩固与练习

1. 选择题

（1）报表的数据源不能是（　　）。

A. 表　　B. 查询　　C. SQL 语句　　D. 窗体

（2）在报表中不能实现的功能是（　　）。

A. 分组数据　　B. 汇总数据　　C. 格式化数据　　D. 输入数据

（3）在报表中要添加标签控件，应使用（　　）。

A. 工具栏　　B. 属性表　　C. 工具箱　　D. 字段列表

（4）每张报表可以有不同的节，一张报表至少要包含的节是（　　）。

A. 主体节　　B. 报表页眉和报表页脚

C. 组页眉和组页脚　　D. 页面页眉和页面页脚

（5）要在报表每一页的顶部都有输出的信息，需要设置的是（　　）。

A. 报表页眉　　B. 报表页脚　　C. 页面页眉　　D. 页面页脚

（6）要在报表的文本框控件中同时显示当前日期，则应将文本框的控件来源属性设置为（　　）。

A. Now()　　B. Year()　　C. Time()　　D. Date()

（7）报表的分组统计信息显示于（　　）。

A. 报表页眉或报表页脚　　B. 页面页眉或页面页脚

C. 组页眉或组页脚　　D. 主体

2. 操作题

使用 Access 2021 创建学生信息报表、学生考勤信息表 – 子报表、学生考勤信息纵横报表和学生考勤异常信息报表。具体要求如下：学生信息报表使用“报表”工具自动创建，学生信息报表最终效果如图 24–6 所示；学生考勤信息表 – 子报表和学生考勤信息纵横报表使用“报表向导”工具创建，最终效果分别如图 24–7 和图 24–8 所示；学生考勤异常信息报表使用“报表设计”工具创建，学生考勤异常信息报表最终效果如图 24–9 所示。

学生信息报表

学生信息报表　　2023年6月20日 16:46:52

ID	学号	姓名	性别	民族	出生日期	年级	地址	政治面貌	照片
1	11190101	周新航	男	汉	2001年2月28日	高一	青海省海东市	中共党员	
2	11190102	张磊	男	汉	2003年2月28日	高一	湖南省长沙市	中共党员	
3	11190103	李红	女	回	2001年5月28日	高二	海南省海口市	群众	
4	11190104	王磊	男	汉	2002年2月28日	高三	湖南省株洲市	中共党员	
5	11190105	廖佳玉	女	汉	2002年5月28日	高一	湖南省衡阳市	群众	

共 1 页，第 1 页

图 24–6　学生信息报表最终效果

学生考勤信息表-子报表

学生考勤信息表-子报表

学号	年份	月份	异常次数
11190101	2022	1	0
11190101	2022	2	1
11190101	2022	3	2
11190101	2022	4	1
11190101	2022	5	2
11190101	2022	6	3
11190101	2022	7	0
11190101	2022	8	3
11190102	2022	1	0
11190102	2022	2	0
11190102	2022	3	0
11190102	2022	4	1
11190102	2022	5	2
11190102	2022	6	3
11190102	2022	7	0

视图

图 24-7　学生考勤信息表 - 子报表最终效果

学生考勤信息纵横报表

学生考勤信息纵横报表

学号	年份	月份	异常次数
11190101			
	2022	2	1
	2022	3	2
	2022	4	1
	2022	5	2
	2022	6	3
	2022	7	0
	2022	8	3
	2022	1	0
汇总 '学号' = 11190101（8 项明细记录）			
合计			12
平均值			1.5
11190102			
	2022	2	0
	2022	8	0
	2022	7	0
	2022	6	3
	2022	5	2
	2022	3	0
	2022	1	0
	2022	4	1

页: 1 无筛选器

图 24-8　学生考勤信息纵横报表最终效果

学生考勤异常信息报表

学生考勤异常信息报表

学号 11190101

姓名 周新航

性别 男

民族 汉

出生日期 2001年2月28日

年级 高一

地址 青海省海东市

政治面貌 中共党员

学生考勤信息表-子报表

ID	学号	年份	月份	异常次数
1	11190101	2022	1	0
2	11190101	2022	2	1
3	11190101	2022	3	2
4	11190101	2022	4	1
5	11190101	2022	5	2
6	11190101	2022	6	3
7	11190101	2022	7	0
8	11190101	2022	8	3

图 24-9 学生考勤异常信息报表最终效果

第五篇

综合篇

实训项目二十五
制作公司员工工资条

一、实训项目介绍

某公司财务部小刘需使用 Office 2021 制作公司员工工资条，便于公司每位员工了解个人当月工资情况。

具体要求如下：打开素材“公司员工工资条 .docx”主文档，利用 Word 邮件合并功能，将“公司员工工资表 .xlsx”中的各列数据插入到主文档中，合并生成单个文档，然后将所有员工的工资数据合并到该文档中。制作完成后的公司员工工资条如图 25-1 所示。

公司员工工资条

年月：2022 年 1 月

工号	姓名	部门	基本工资	缺勤	销售提成	餐补	交通费	特别津贴	工资收入	社保	公积金	个税	实发
0001	关小华	销售部	24000	0	0	500	0	2000	26500	2451	2880	485	20684

公司员工工资条

年月：2022 年 1 月

工号	姓名	部门	基本工资	缺勤	销售提成	餐补	交通费	特别津贴	工资收入	社保	公积金	个税	实发
0002	关小美	销售部	12000	0	0	540	200	0	12740	1227	1440	119	9954

公司员工工资条

年月：2022 年 1 月

工号	姓名	部门	基本工资	缺勤	销售提成	餐补	交通费	特别津贴	工资收入	社保	公积金	个税	实发
0003	周雄	销售部	20000	0	0	440	300	0	20740	2043	2400	293	16004

图 25-1　公司员工工资条

二、实训项目分析

要完成本实训项目，应按照图 25-2 所示思维导图复习教材中学到的知识点和技能点。

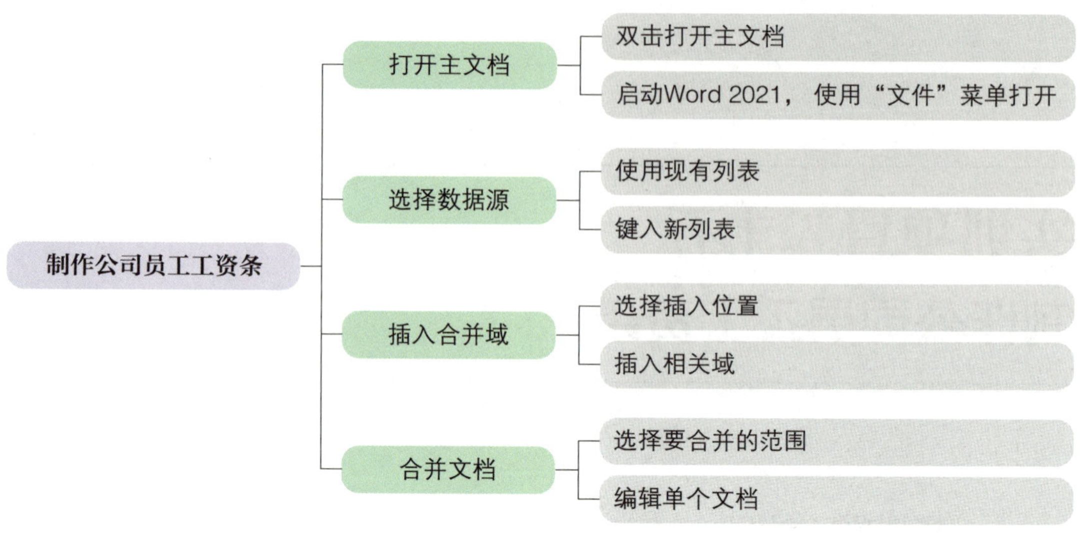

图 25-2　项目思维导图

为完成本实训项目，需使用 Word 2021 的邮件合并功能，将 Excel 文档中的数据作为数据源，合并到 Word 主文档中。

在完成本实训项目的过程中，应注意在插入合并域时，要根据内容选择合适的列；合并文档时，如果选择编辑单个文档，选定了多少条记录，就可自动生成多少个页面，合并后的新文档默认文件名为“信函 1”，可根据需要以其他的文件名命名并保存。

三、实训计划制订

根据实训项目分析，学生自己制订完成本实训项目的实训计划，并填写在表 25-1 中。

表 25-1　实训计划

序号	工作内容	所需时间

四、操作步骤提示

本实训项目的操作步骤提示见表 25-2。

表 25-2　操作步骤提示

序号	操作步骤	内容
1	打开主文档	打开素材“公司员工工资条 .docx”
2	启动“邮件合并”分步向导	在“邮件”选项卡下“开始邮件合并”组中单击“开始邮件合并”按钮，在弹出的下拉菜单中选择“邮件合并分步向导”选项，打开“邮件合并”窗格
3	选择文档类型	在“邮件合并”窗格中选中“信函”单选框，单击“下一步：开始文档”链接
4	选择开始文档	选中“使用当前文档”单选框，单击“下一步：选择收件人”链接
5	选择收件人	在“选择收件人”中选中“使用现有列表”单选框，单击“使用现有列表”组中的“浏览”按钮，在弹出的“选取数据源”对话框中选择数据源和工作表，单击“下一步：撰写信函”链接
6	撰写信函	将鼠标光标定位到“工号”下方的单元格中，单击“编写和插入域”组中的“插入合并域”按钮，在弹出的下拉菜单中选择“工号”，插入合并域。用类似的方法依次插入其他合并域，然后单击“邮件合并”窗格中的“下一步：预览信函”链接
7	预览信函	单击“邮件”选项卡下“预览结果”组中的“预览结果”按钮，预览邮件合并效果，之后单击“邮件合并”窗格中的“下一步：完成合并”链接
8	邮件合并	单击“邮件合并”窗格中的“编辑单个信函”按钮，设置合并范围，单击“确定”按钮后生成新文档，默认文档名为“信函 1”
9	保存	单击“文件”｜“另存为”选项，将“信函 1”另存为“公司员工工资条 .docx”

五、操作要点记录

在表 25-3 中记录本实训项目的操作要点。

表 25-3　操作要点记录

序号	操作要点	备注

六、运行与修改记录

运行与修改文档，排除出现的错误，并在表 25-4 中做好记录。

表 25-4　运行与修改记录

序号	出现错误	错误原因	处理方法

七、实训评价

本实训项目完成后，学生展示工资条制作成果，解说在完成项目过程中的心得体会。展示结束后，从职业素养、专业能力、工作成果等方面对该实训项目进行评价，采用自我评价、小组评价、教师评价相结合的多元评价方式，见表 25-5。

表 25-5　实训评价

<table>
<tr><th rowspan="2">序号</th><th rowspan="2" colspan="2">评价内容</th><th rowspan="2">配分 / 分</th><th colspan="3">评价分数</th></tr>
<tr><th>自我评价（占比 30%）</th><th>小组评价（占比 30%）</th><th>教师评价（占比 40%）</th></tr>
<tr><td>1</td><td colspan="2">对实训项目的分析准确到位</td><td>20</td><td></td><td></td><td></td></tr>
<tr><td>2</td><td colspan="2">能熟练开启邮件合并操作</td><td>10</td><td></td><td></td><td></td></tr>
<tr><td>3</td><td colspan="2">能合理选取邮件合并类型</td><td>20</td><td></td><td></td><td></td></tr>
<tr><td>4</td><td colspan="2">能熟练编写或插入域</td><td>10</td><td></td><td></td><td></td></tr>
<tr><td>5</td><td colspan="2">能正确实现邮件合并</td><td>20</td><td></td><td></td><td></td></tr>
<tr><td>6</td><td colspan="2">能正确展示及解说项目成果</td><td>20</td><td></td><td></td><td></td></tr>
<tr><td colspan="2">学生姓名</td><td></td><td colspan="2">综合评分</td><td colspan="2"></td></tr>
</table>

八、巩固与练习

1. 选择题

（1）本项目中邮件合并选择的文档类型是（　　）。

A. 信函　　B. 信封　　C. 电子邮件　　D. 标签

（2）下列不属于邮件合并选择开始文档的方式的是（　　）。

A. 使用当前文档　　B. 从模板开始

C. 从现有文档开始　　D. 从外部文件开始

（3）下列不属于邮件合并选择收件人的方式的是（　　）。

A. 使用现有列表　　B. 从 Word 表格中选择

C. 从 Outlook 联系人中选择　　D. 键入新列表

（4）下列不属于邮件合并使用的方式的是（　　）。

A. 发送电子邮件　　B. 编辑单个文档

C. 编辑多个文档　　D. 打印文档

2. 操作题

（1）使用素材“公司员工录用通知书.docx”主文档和“公司员工录用信息表.xlsx”，制作公司员工录用通知书。具体要求如下：打开素材“公司员工录用通知书.docx”主文档，利用 Word 邮件合并功能，将“公司员工录用信息表.xlsx”中的合适列数据插入到该主文档中，合并生成单个文档，然后将所有公司员工录用信息数据合并到该主文档中。制作完成后的公司员工录用通知书最终效果如图 25-3 所示。

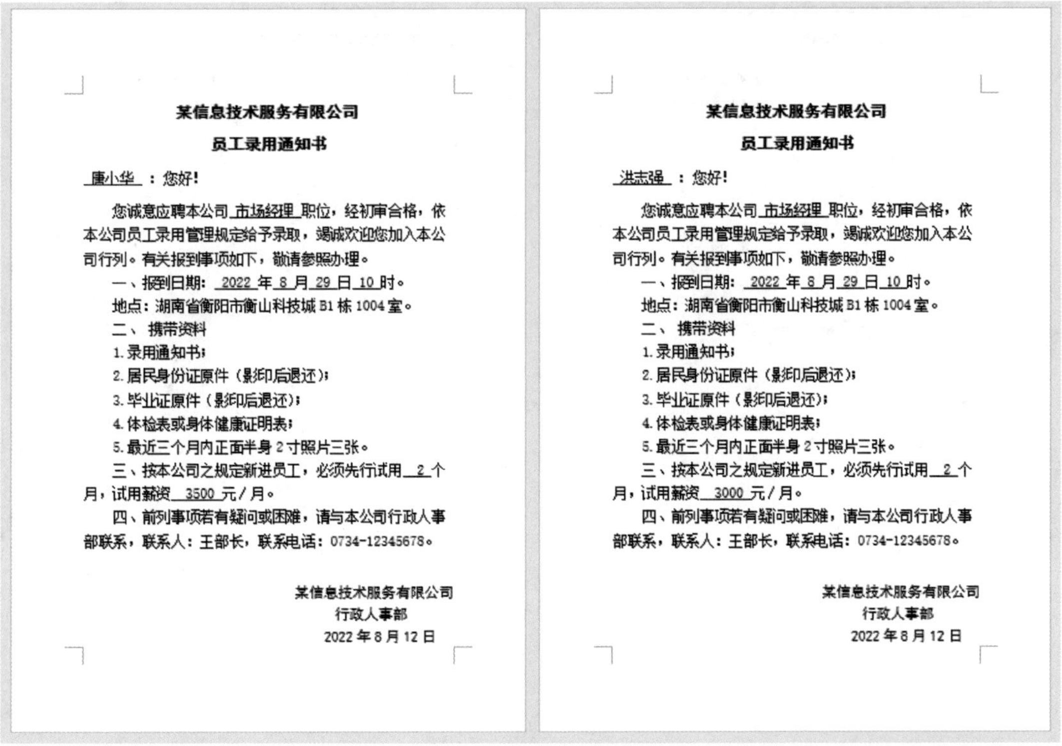

某信息技术服务有限公司

员工录用通知书

庸小华：您好！

您诚意应聘本公司市场经理职位，经初审合格，依本公司员工录用管理规定给予录取，竭诚欢迎您加入本公司行列。有关报到事项如下，敬请参照办理。

一、报到日期：2022 年 8 月 29 日 10 时。

地点：湖南省衡阳市衡山科技城 B1 栋 1004 室。

二、携带资料

1. 录用通知书；
2. 居民身份证原件（影印后退还）；
3. 毕业证原件（影印后退还）；
4. 体检表或身体健康证明表；
5. 最近三个月内正面半身 2 寸照片三张。

三、按本公司之规定新进员工，必须先行试用 2 个月，试用薪资 3500 元/月。

四、前列事项若有疑问或困难，请与本公司行政人事部联系，联系人：王部长，联系电话：0734-12345678。

某信息技术服务有限公司
行政人事部
2022 年 8 月 12 日

某信息技术服务有限公司

员工录用通知书

洪志强：您好！

您诚意应聘本公司市场经理职位，经初审合格，依本公司员工录用管理规定给予录取，竭诚欢迎您加入本公司行列。有关报到事项如下，敬请参照办理。

一、报到日期：2022 年 8 月 29 日 10 时。

地点：湖南省衡阳市衡山科技城 B1 栋 1004 室。

二、携带资料

1. 录用通知书；
2. 居民身份证原件（影印后退还）；
3. 毕业证原件（影印后退还）；
4. 体检表或身体健康证明表；
5. 最近三个月内正面半身 2 寸照片三张。

三、按本公司之规定新进员工，必须先行试用 2 个月，试用薪资 3000 元/月。

四、前列事项若有疑问或困难，请与本公司行政人事部联系，联系人：王部长，联系电话：0734-12345678。

某信息技术服务有限公司
行政人事部
2022 年 8 月 12 日

图 25-3　公司员工录用通知书最终效果

（2）使用素材“物业费催缴通知单 .docx”主文档和“物业费催缴清单 .xlsx”，制作物业费催缴通知。具体要求如下：打开素材“物业费催缴通知单 .docx”主文档，利用 Word 邮件合并功能，将“物业费催缴清单 .xlsx”中的合适列数据插入到主文档中，合并生成单个文档，然后将所有物业费催缴清单数据合并到该主文档中。制作完成后的物业费催缴通知单最终效果如图 25-4 所示。

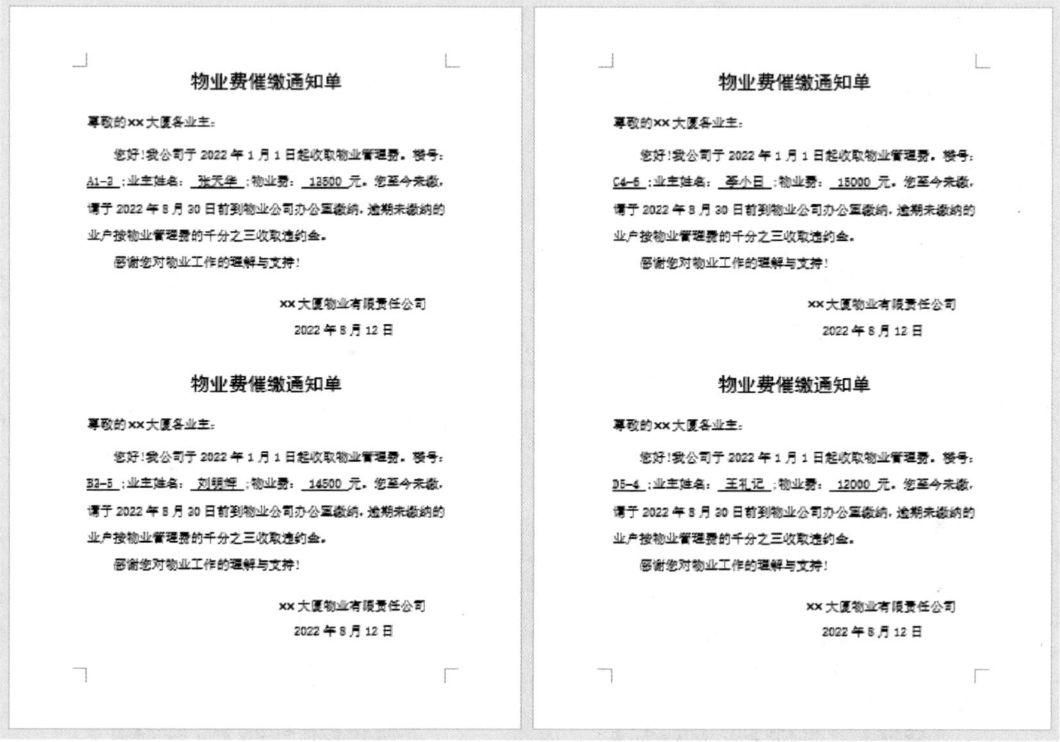

物业费催缴通知单

尊敬的xx大厦各业主：

您好!我公司于 2022 年 1 月 1 日起收取物业管理费。楼号：A1-3；业主姓名：张天华；物业费：12500 元。您至今未缴，请于 2022 年 8 月 30 日前到物业公司办公室缴纳，逾期未缴纳的业户按物业管理费的千分之三收取违约金。

感谢您对物业工作的理解与支持！

xx大厦物业有限责任公司

2022 年 8 月 12 日

物业费催缴通知单

尊敬的xx大厦各业主：

您好!我公司于 2022 年 1 月 1 日起收取物业管理费。楼号：B2-5；业主姓名：刘明辉；物业费：14500 元。您至今未缴，请于 2022 年 8 月 30 日前到物业公司办公室缴纳，逾期未缴纳的业户按物业管理费的千分之三收取违约金。

感谢您对物业工作的理解与支持！

xx大厦物业有限责任公司

2022 年 8 月 12 日

物业费催缴通知单

尊敬的xx大厦各业主：

您好!我公司于 2022 年 1 月 1 日起收取物业管理费。楼号：C4-6；业主姓名：李小白；物业费：15000 元。您至今未缴，请于 2022 年 8 月 30 日前到物业公司办公室缴纳，逾期未缴纳的业户按物业管理费的千分之三收取违约金。

感谢您对物业工作的理解与支持！

xx大厦物业有限责任公司

2022 年 8 月 12 日

物业费催缴通知单

尊敬的xx大厦各业主：

您好!我公司于 2022 年 1 月 1 日起收取物业管理费。楼号：D5-4；业主姓名：王礼记；物业费：12000 元。您至今未缴，请于 2022 年 8 月 30 日前到物业公司办公室缴纳，逾期未缴纳的业户按物业管理费的千分之三收取违约金。

感谢您对物业工作的理解与支持！

xx大厦物业有限责任公司

2022 年 8 月 12 日

图 25-4　物业费催缴通知单最终效果